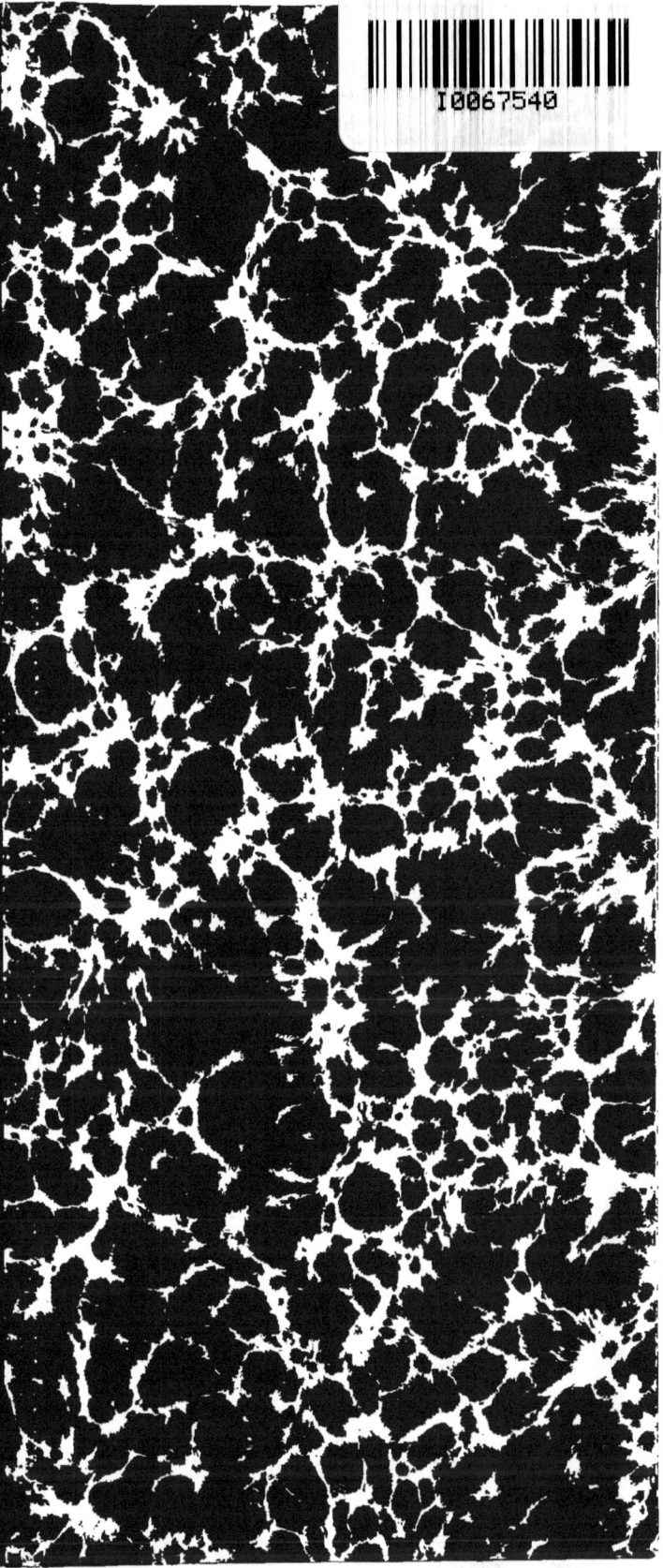

DE L'EXTINCTION

DES ESPÈCES

ÉTUDES BIOLOGIQUES SUR QUELQUES-UNES DES LOIS
QUI RÉGISSENT LA VIE

PAR

P.-J.-B. CHÉRUBIN

Docteur en Médecine

PARIS

GERMER-BAILLIÈRE, LIBRAIRE-ÉDITEUR

RUE DE L'ÉCOLE-DE-MÉDECINE, 17

LONDRES	NEW-YORK
Hipp. Baillière, 219, Regent street	Baillière brothers, 440, Broadway

MADRID, C. BAILLY-BAILLIÈRE, PLAZA DEL PRINCIPE ALFONSO, 16

1868

DE L'EXTINCTION

DES ESPÈCES

7h88

S

GUISE. — IMP. BERTHAUT.

DE L'EXTINCTION

DES ESPÈCES

ÉTUDES BIOLOGIQUES SUR QUELQUES-UNES DES LOIS
QUI RÉGISSENT LA VIE

PAR

P. J.-B. CHÉRUBIN

Docteur en Médecine

PARIS

GERMER-BAILLIÈRE, LIBRAIRE-ÉDITEUR

RUE DE L'ÉCOLE-DE-MÉDECINE, 17

LONDRES | NEW-YORK
Hipp. Baillière, 219, Regent street | Baillière brothers, 440, Broadway

MADRID, C. BAILLY-BAILLIÈRE, PLAZA DEL PRINCIPE ALFONSO, 16

1868

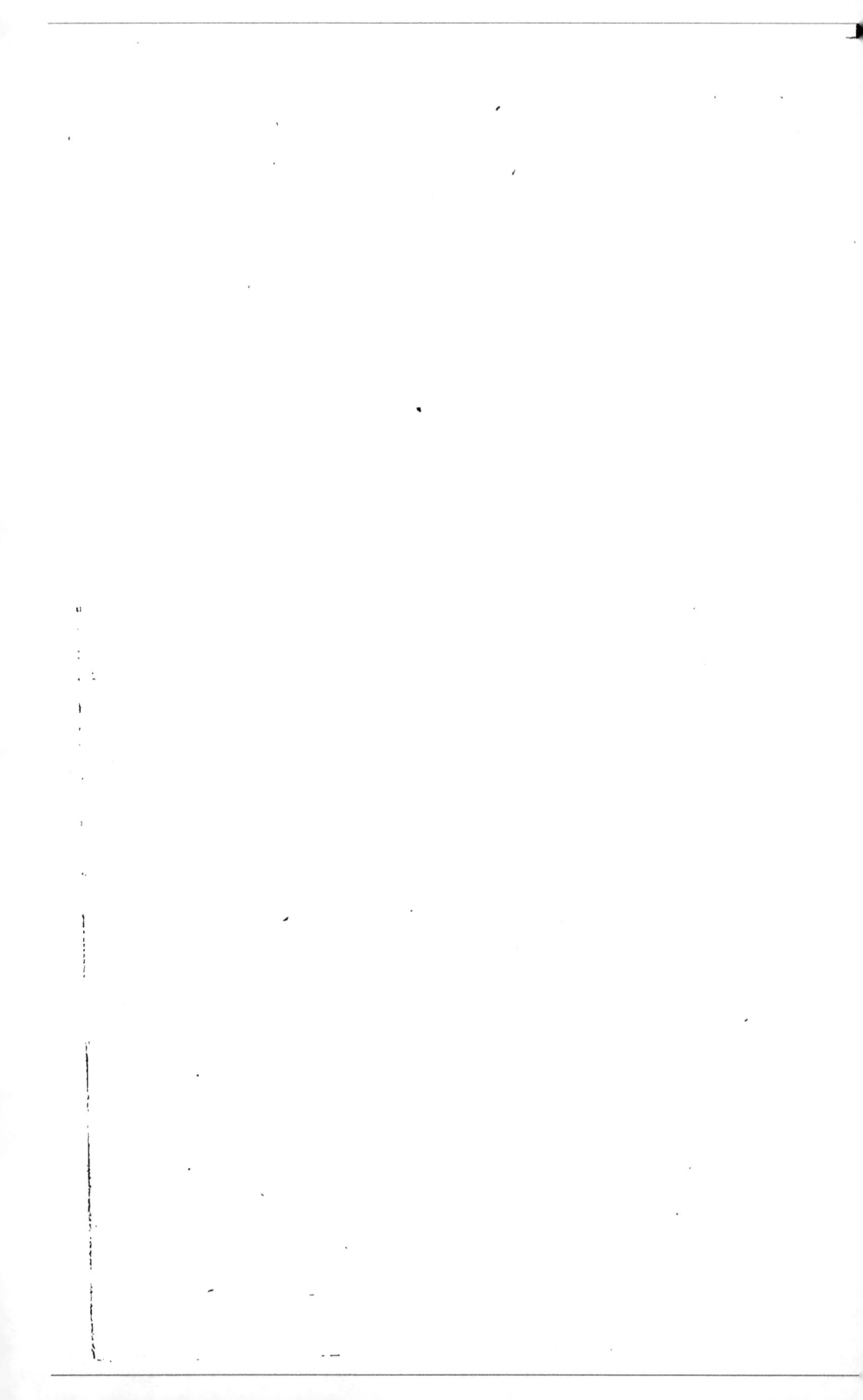

AVANT-PROPOS.

. Nous livrons ici le résultat des réflexions que nous ont suggérées des études poursuivies depuis assez longtemps.

Notre opinion sur chacun des points consignés dans les pages qui suivent s'est étayée sur des faits depuis longtemps tombés dans le domaine commun de la science ou établis de nos jours par des savants contemporains à qui l'honneur en revient tout entier. Notre contingent, sous ce rapport, n'a pas été ce que nous aurions désiré qu'il fût et, sans prétendre à faire de celles-ci des circonstances atténuantes, nous en avons donné les raisons.

Ce qui est nôtre, surtout, dans le travail qu'on va lire, ce sont les déductions que nous avons tirées des faits : sur ce point seul, porte notre responsabilité.

DE L'EXTINCTION DES ESPÈCES

Pas plus que les individus, les espèces n'ont une durée indéfinie. L'expérience d'innombrables générations humaines que l'on pourrait invoquer ici pour soutenir l'opinion contraire ; cette expérience, bien qu'elle soit le fruit d'observations directes remontant à plusieurs milliers d'années, ne fournit à ce sujet que des données trompeuses. D'abord, la période qu'elle embrasse, quelque longue qu'elle paraisse relativement à la durée de la vie de l'homme, n'est qu'un point insignifiant si on la compare aux milliers de siècles qui se sont écoulés depuis l'origine de notre globe ; puis, la paléontologie nous montre que des espèces notablement différentes de celles que nous voyons aujourd'hui ont autrefois vécu sur la terre ou au sein des eaux.

Quelque loin, en effet, dans le passé que l'on remonte à l'aide de la science que nous venons de nommer, quelque tribut que lui apportent des découvertes journellement faites, on n'a trouvé encore aucun vestige qui autorise à sup-poser que des espèces disparues soient ensuite, après un temps quelconque, revenues à la lu-mière. Ces découvertes permettent parfois de rattacher entre eux quelques-uns des anneaux rompus de la chaîne des êtres, en comblant les lacunes qui, jusques-là, avaient séparé certaines espèces les unes des autres, et voilà tout. Aussi n'y a-t-il jamais eu d'occasion d'appliquer à aucune d'elles l'expression du poëte :

« Multa renascentur quæ jam cecidère....... »

En revanche, le complément de sa pensée :

« .... cadent quæ
« Quæ nunc sunt in honore................... »

paraît être l'expression même de la réalité pour tout ce qui a vécu durant les diverses périodes qui ont précédé la nôtre et comme la formule d'une loi à laquelle aucune espèce que ce soit ne peut se soustraire.

Comment s'opère cette disparition ? Les cataclysmes qui ont été invoqués pour l'expliquer viennent tout au plus, suivant nous, achever ce que d'autres causes ont commencé : déplacer parfois, par exemple, le milieu ambiant où s'agitaient certains organismes; ils ne font rien autre chose. Les considérer comme les agents de l'extinction des espèces, serait les transformer en autant d'expédients, ce qui est peu conforme à la grandeur et à la simplicité du plan suivant lequel tout a été ordonné dans l'univers.

Des lois générales établies par une intelligence suprême, régissent l'extinction des espèces, comme d'autres lois générales déjà découvertes ou restant à découvrir, président aux grands phénomènes de tout ordre que ce puisse être, qui se manifestent autour de nous.

Nous pensons, en effet, que les espèces disparaissent parce qu'elles dégénèrent à la longue sous l'influence de troubles introduits dans l'équilibre fonctionnel propre à chacune d'elles.

Ces troubles, qui sont le fait des espèces elles-mêmes, résultent inévitablement, d'ailleurs, des conditions mêmes de leur existence.

Pour arriver à le démontrer, nous examinerons plus particulièrement ce qui se passe dans l'espèce humaine, celle-ci ayant été depuis bien des siècles l'objet d'une étude attentive et s'étant mieux prêtée qu'aucune autre à des observations directes et suivies. Mais comme la plupart des faits que nous nous proposons d'étudier ne sont pas exclusivement propres à l'homme; qu'ils se dégagent seulement autour de lui et par son influence avec plus de netteté qu'en nulle autre circonstance, nous conclurons souvent de lui aux autres espèces.

PREMIER MÉMOIRE

CONSIDÉRATIONS GÉNÉRALES SUR L'EXISTENCE
DES ESPÈCES
ET SUR LES RAPPORTS QUI LES UNISSENT
A LEURS MILIEUX.

Tous les êtres organisés quels qu'ils soient, depuis les plus simples jusqu'aux plus complexes, sont constitués de façon à faire avec tout ce qui les entoure, un échange permanent des éléments nécessaires à leur existence. Cette existence se maintient dans un épanouissement d'autant plus complet que les éléments dont nous venons de parler sont dans une coaptation plus parfaite avec les organismes qui sont appelés à se les assimiler.

Si quelque changement s'opère dans les milieux (réunions de ces éléments) où vit un être organisé, sans qu'un changement corrélatif dans la constitution de cet être s'effectue en même temps, les conditions en vue desquelles celui-ci était conformé, étant modifiées, son existence est compromise.

L'expérience nous apprend, en effet, que toute infraction durable ou profonde à l'hygiène qui n'est autre chose que l'observance des rapports unissant les êtres vivants à leurs milieux respectifs est, pour celui qui la commet, une cause de maladie ou de mort.

A quel moment l'existence d'une espèce atteint-elle sa plus haute expression ? A celui, comme nous venons de le dire, où elle est dans le plus parfait rapport avec tout ce qui l'entoure; puisque cette condition, en assurant elle-même l'équilibre fonctionnel des individus qui la composent, devient ainsi un gage de la durée de l'espèce.

Ce moment est marqué, en général, par l'amplitude et la perfection des formes spéciales à chaque grande série distincte d'organismes similaires et aussi par le nombre des individus constituant les espèces qu'elle renferme, lequel est alors relativement plus grand qu'à toute autre phase de l'existence de celles-ci [1].

Avant d'arriver là, c'est-à-dire, au début de leur apparition, les espèces se manifestent sous forme d'individus rares en nombre, si l'on accepte sur ce point les données jusqu'ici fournies par la géologie, et de dimensions généralement restreintes [2].

Passé le moment où elles ont offert sous l'influence de conditions, pour elles, pleinement

(1) On s'apercevra sans peine que nous avons ici principalement en vue les êtres organisés considérés par classes et non par espèces seulement.

(2) Les trilobites des formations laurentiennes et cambriennes sont de dimension moindre que les trilobites des formations postérieures et ils n'atteignent leur plus grand développement comme espèces que dans le silurien inférieur.

Les premiers reptiles (sauriens ou batracho-sauriens) sont infiniment plus petits que les reptiles similaires de l'époque secondaire.

Les restes fossiles des plus anciens poissons (le pteraspis et le cephalaspis) ne permettent pas d'assigner à ceux-ci une longueur de plus de $0^m 18$ à $0^m 20$ centimètres.

Les premiers mammifères (mammifères didelphes) longtemps les seuls animaux de leur classe, ne dépassaient guère la taille d'un chat.

En même temps, les débris fossiles de tous les animaux, quelle que soit la classe à laquelle ils appartiennent, sont d'autant plus rares qu'on

favorables, le double développement dont nous venons de parler, les espèces, avant de disparaître définitivement, présentent, lorsque ces conditions se modifiant tendent à être remplacées par d'autres, une décroissance progressive tant au point de vue du volume qu'à celui du nombre des individus dont elles sont formées.

D'ailleurs, la période durant laquelle une espèce est le plus florissante, n'est, pour ainsi dire, qu'un point dans le temps, si on la compare aux milliers d'années assignées à l'existence de chaque série distincte d'organismes : car aucune de celles-ci n'est stationnaire et il suffit qu'elle s'accroisse ou qu'elle décroisse, pour que l'équilibre général d'où dépend le sien, soit compromis. Or, s'il est vrai que la santé, c'est-dire, la vie normale et complète, ne soit autre chose que la résultante de toutes les fonc-

les rencontre dans des formations plus éloignées de celles où leurs espèces ont atteint leur maximum de développement. Nous aurons occasion de voir que, lorsque certains organismes ont laissé à travers plusieurs périodes successives des espèces représentatives de même ordre qu'eux, celles-ci sont de dimension très inférieure aux espèces primitives.

tions vitales s'exerçant chacune dans l'exacte mesure qui lui est assignée par la nature de l'organe d'où elle émane, il suivra de là, que toute modification apportée à l'une quelconque de ces fonctions, en d'autres termes, que toute rupture de l'équilibre fonctionnel, constituera réciproquement une atteinte à la santé, c'est-à-dire, encore, à l'intégrité de la vie.

Cette rupture d'équilibre est le dernier terme auquel aboutissent les espèces animales et végétales par l'influence qu'elles exercent sur le milieu physique au sein duquel elles sont plongées et sur le milieu organique qui les entoure. Cette influence est, d'ailleurs, d'autant plus puissante, que les espèces tiennent un rang plus élevé dans l'échelle organique et qu'elles occupent elles-mêmes une étendue plus considérable sur la surface du globe. Comme nous le verrons, il s'ensuit à la longue dans les différents milieux, des modifications telles que les espèces ne trouvent plus dans ceux-ci les conditions nécessaires à leur existence.

Peuvent-elles cependant réagir contre l'état

de choses qui tend à se substituer à l'ancien ? Nous ne le pensons pas et, selon nous, les phénomènes *nécessaires* qui se produisent alors, sont l'expression de cette loi générale que nous estimons présider à l'extinction des espèces, en même temps que leur permanence à travers toutes les époques, constitue la preuve de son existence.

DEUXIÈME MÉMOIRE

I

L'atmosphère qui nous enveloppe de toutes parts n'a jamais eu, pendant un espace de temps quelconque, une composition stable et uniforme. Elle subit, et par le fait des forces naturelles inorganiques réagissant les unes sur les autres, et par celui des êtres organisés qui y versent perpétuellement le produit de leurs fonctions et de leurs actes de toute nature, d'incessantes modifications qui, après une longue suite de siècles, amènent enfin un changement radical dans sa composition.

C'est ainsi, par exemple, que l'atmosphère au
sein de laquelle nous vivons actuellement, n'est
plus celle de la période houillère, ni celle de
l'époque où les grands végétaux dicotylédones
apparurent et, après plusieurs milliers d'années,
couvrirent la presque totalité des surfaces assé-
chées du globe. C'est ainsi, encore, que l'atmosphère de chacune de ces époques distinguées
un peu artificiellement, d'ailleurs, pour les
besoins de la science, en primitive ou primaire
et en tertiaire, différait notablement l'une de
l'autre [1].

On a, en effet, de fortes raisons de le penser :

[1] Remarquons au sujet des distinctions établies entre les différentes
formations reconnues jusqu'ici, qu'elles sont pour quelques-unes, au
moins, bien arbitraires. Non seulement chaque jour on fait des découvertes qui comblent les lacunes organiques qui servaient à les différencier
entre elles ; mais encore, en dépit des cataclysmes, on peut croire que
les formations qui se sont immédiatement succédé, n'offraient pas entre
elles de conditions radicalement différentes. C'est un fait que semble
attester la gradation ménagée qu'on observe entre les êtres. Il n'y a
donc pas eu autant de modifications radicales de milieu qu'il y a eu de
formations. C'est seulement lorsque l'on compare l'une avec l'autre
chacune de ces grandes époques que l'on a nommées « tertiaire, secondaire et primitive, » que l'on est frappé des différences de milieux et
d'organismes qu'elles présentent, et c'est sur ces différences seules que
portent nos déductions.

durant la période houillère, l'acide carbonique
entrait pour une proportion extrêmement considérable dans la composition de l'atmosphère [1]
et, sans doute, il en fut ainsi jusqu'à l'époque
des formations jurassiques où, sous l'influence
de causes naturelles analogues à celles qui
avaient agi avant et qui devaient agir après, les
proportions de ce gaz diminuèrent de plus en
plus. Mais à cette époque même, dite « époque
secondaire » et abstraction faite de toute considération de température et de densité, la quantité d'acide carbonique contenue dans l'atmosphère et, probablement, dans les mers d'alors [2]
était telle encore, qu'elle constituait une condition incompatible avec la vie telle qu'elle
s'exerce chez les animaux à sang rouge et
chaud. Seuls, en effet, les animaux à sang noir
et à circulation lente, pouvaient s'accommoder
d'un milieu dont les éléments appropriés à leur

(1) Quelques savants ont nié cette proposition.

(2) Dans sa théorie cosmogonique, Ampère émet l'hypothèse de mers
acides pour les époques reculées, ce qui n'est pas plus extraordinaire
que les mers alcalines de nos jours.

conformation étaient dans une proportion favorable à leur équilibre fonctionnel.

A partir, au contraire, de l'époque tertiaire, lorsque sous l'influence des transformations successives du globe et de son enveloppe gazeuse, les grands végétaux dicotylédones vinrent prendre enfin dans le règne organique une notable prédominance, les masses d'acide carbonique décomposées furent remplacées par des quantités adéquates d'oxygène libre. Il est assez légitime de croire que l'atmosphère en fut à un certain moment sursaturée, en quelque sorte, d'où, pour les espèces de la période précédente, organisées pour d'autres conditions, des ruptures d'équilibre fonctionnel, c'est-à-dire, l'invasion de maladies, par suite desquelles elles s'éteignirent ou se modifièrent.

C'est alors, en effet, que dans le règne animal notamment, les sauriens, les chéloniens et les batraciens gigantesques disparaissent de la surface du globe [1], laissant seulement après eux

(1) Nous ne voulons pas dire qu'il n'y eût pas eu avant l'époque des grands reptiles, d'animaux du même genre. On sait, en effet, qu'outre

quelques spécimens extrêmement réduits de
leurs espèces, dont les organes moins amples
que les leurs, pouvaient par là même trouver
encore dans le nouveau milieu, des éléments
suffisants pour fonctionner.

C'est alors aussi que se montrèrent ces didelphes de petite taille [1], animaux de transition, si
l'on peut ainsi dire, ébauches de mammifères,
pouvant, grâce à une conformation en quelque
sorte hybride, s'accommoder avec une égale
facilité de milieux quelque peu différents. Enfin,
c'est peu après, au moment du plein développement des conditions nouvelles que nous venons
de signaler, qu'apparurent les mammifères de
proportions colossales, les oiseaux de dimen-
mensions énormes, animaux pourvus de vastes
poumons et, par suite, grands consommateurs
d'oxygène, à qui une atmosphère fortement ex-
citante était indispensable pour que leur circu-

des mollusques, des crustacés et des insectes, il y a eu durant l'époque
dite « primitive » des reptiles de très petite taille relativement à ceux
dont nous parlons ici, tels, par exemple, que l'*Archegosaurus minor*
de Goldfuss.

[1] Le *Microlestes antiquus* de Plieneuger du trias supérieur.

lation en reçût une activité capable de stimuler leur masse puissante. Ainsi que l'attestent leurs débris fossiles retrouvés sous toutes les latitudes, les uns et les autres étaient répandus en troupes immenses sur toute la surface de la terre et, comme cela était arrivé pour les animaux de l'époque précédente, ils s'y maintinrent aussi longtemps qu'ils trouvèrent autour d'eux les conditions de milieu favorables à leur existence, c'est-à-dire, jusqu'au moment où ces conditions se rapprochèrent de plus en plus de celles qui caractérisent l'époque actuelle [1].

Nous venons à dessein d'emprunter à des périodes bien tranchées des exemples destinés à montrer comment, d'après nous, le milieu physique ne présente pas une constante permanence dans le rapport de ses éléments constitutifs et, réciproquement, comment les manifestations de la vie diffèrent suivant la composition du milieu. On comprend, d'ailleurs, que les différences radicales que nous estimons avoir existé dans l'atmosphère de certaines périodes comparées

(1) Quaternaire ou post-pliocène.

entre elles, durent, comme nous l'avons dit déjà, être amenées d'une manière progressive et insensible et, conséquemment, nécessiter des milliers de siècles pour se produire.

Or, les mêmes causes naturelles de modification de milieu existent toujours et même, reçoivent d'organismes de plus en plus parfaits un notable surcroît d'activité. Il serait donc peu logique de penser que l'atmosphère de la période actuelle doive échapper à une loi générale et que sa composition offrirait un état désormais invariable que pourraient altérer seulement pour un très court instant des circonstances passagères; puis, d'affirmer en conséquence que les espèces actuelles seraient à l'abri d'influences analogues à celles qui ont été funestes aux espèces éteintes.

A la vérité, les analyses les plus délicates ne décèlent pas encore dans la composition de l'atmosphère et comparativement à ce qu'était celle-ci au commencement de ce siècle, de changements appréciables. Mais cent ans ne peuvent en géologie servir de moyen de comparaison et il n'y a pas même encore aussi longtemps que nous sommes en possession d'instruments capables de nous fournir des renseignements quelque peu précis à cet égard. Cependant, si l'on tient compte de certains faits, il semblera hors de doute que le milieu atmosphérique qui nous apparaît encore comme immuable dans sa composition, est le centre d'un travail journalier de transformation.

II

Nous avons présenté les êtres organisés comme étant au nombre des agents les plus énergiques de cette modification de milieu. Ils y contribuent, en effet, par leurs diverses fonctions physiologiques telles, entre autres, que la respiration, la transpiration ou l'exhalation et les excrétions. Il faut y joindre pour quelques-uns le produit des actes accomplis sous l'influence d'une vie de relation étendue et puissante.

On conçoit aisément quels obstacles s'oppo-

sent à ce que l'on puisse évaluer numériquement l'importance du produit versé dans l'atmosphère par les fonctions physiologiques de
tous les êtres vivants. Tout au plus, en limitant
les recherches à la seule espèce humaine et,
parmi les fonctions de celle-ci à la respiration
qui a été l'objet de travaux offrant certaines
garanties de précision, parvient-on à fixer quelques chiffres qui ne sont encore qu'approxima-
tifs, il est vrai et que l'on ne peut, dès lors, pro-
poser qu'avec beaucoup de réserve, mais qui,
pourtant, ne sont pas sans valeur.

Les résultats des expériences de Schnepf et
d'Hutchinson sur la capacité respiratoire de
notre espèce aux différents âges de la vie et suivant les sexes, ceux qui ont été obtenus par
d'autres observateurs [1] qui se sont placés à un
point de vue différent, permettent en effet de
prendre une idée assez exacte de la nature et
de l'importance des transformations en voie
d'accomplissement ou déjà opérées sous cette

(1) Voir à ce sujet MM. Littré et Robin qui ont donné les résultats de
toutes ces expériences.

influence spéciale dans le milieu physique. On reconnaît ainsi que parmi les éléments de ce milieu, certains diminuent, tandis que d'autres augmentent et, dans ces derniers, un surtout, dans une proportion notable, alors qu'il n'y avait jusqu'ici figuré normalement qu'en quantité infinitésimale.

Ainsi, en admettant, d'une part, que la race humaine comprend 1,200 millions d'individus [1] et en s'étayant d'autre part sur les données fournies par les expériences dont nous venons de parler et dans lesquelles il a été tenu compte des différences d'âge et de sexe, on arrive à trouver qu'il est soustrait chaque année à l'atmosphère environ 3 milliards 500 millions de mètres cubes d'oxygène [2] qui sont tout entiers retenus par les organismes humains pour les

---

(1) Quelques géographes ont évalué la population du globe seulement à 900 millions ou à un milliard d'individus. Si l'on adoptait de préférence au chiffre que nous avons fixé ci-dessus d'après les travaux les plus récents, l'un de ceux que nous venons d'indiquer, on devrait naturellement réduire d'une quantité proportionnelle les nombres exprimés plus loin, auxquels le chiffre de 1,200 millions sert de base.

(2) L'oxygène retenu pour les besoins de l'organisme est, d'après les

besoins des diverses combinaisons physiologiques nécessaires à l'entretien de la vie. Cette
quantité reparait plus tard au dehors, il est vrai,
mais à un état de combinaison plus ou moins
stable, tel que l'oxygène comme gaz doit de-
meurer en partie perdu pour l'atmosphère ; car
les forces naturelles qui le dégagent des corps
avec lesquels il est uni, restent les mêmes
quant au nombre et à la puissance d'action
qu'elles possèdent (si tant est qu'elles ne décroissent pas sous ce dernier rapport) [1]; tandis
que les êtres organisés qui, après avoir absorbé
de l'oxygène le restituent ensuite en combinaisons variées, augmentent sans cesse jusqu'ici.

D'un autre côté, il est déversé annuellement
dans l'air où nous vivons et toujours par la
seule espèce humaine, la quantité de 147 milliards de mètres cubes d'acide carbonique [2].

expérimentateurs, de 1 % de l'oxygène consommé. Quant à la consommation de l'oxygène, elle est de 1 gramme par heure pour chaque kilo-
gramme du poids du corps chez les mammifères.

(1) Voir la note A de l'appendice.

(2) Le calcul a pour base ici, 21 litres d'acide carbonique par heure
expirés par un homme adulte.

A la vérité, une partie de ce gaz se combine avec bon nombre d'entre les corps répandus à la surface du sol : surtout, ce produit de la respiration est repris par les végétaux à l'accroissement desquels il est nécessaire et qui fournissent aux animaux de l'oxygène en échange [1]. Mais pour que cet échange s'effectue de telle sorte qu'il n'y ait aucun résidu de part ni d'autre, il faut de toute nécessité que l'équilibre entre les animaux et les végétaux soit parfait et constant : or, il n'en est pas ainsi. L'espèce humaine s'accroît sans cesse, au moins jusqu'ici, et, avec elle, fait important à constater, le nombre des animaux qu'elle a domestiqués. Ces circonstances sont donc exclusives de l'idée d'un parfait équilibre qui, règnant entre les espèces, maintiendrait intacts les rapports des éléments constitutifs de l'atmosphère.

Ajoutons, d'ailleurs, que la quantité exprimée plus haut et au moyen de laquelle nous avons

---

(1) Comme on le sait, il faut excepter les végétaux et les organes des végétaux non colorés en vert qui exhalent de l'acide carbonique sans discontinuité. Ceux-ci, au contraire, seraient à ranger avec les animaux sous ce rapport.

tiré les inductions qui précèdent, ne peut encore donner une idée de ce qu'est réellement la production de l'acide carbonique à la surface de la terre. Quelle qu'elle soit, en effet, elle n'est rien en comparaison de celle que fournissent de leur côté les animaux et, en particulier, les herbivores qui, sous le rapport de la production de l'acide carbonique, ont une puissance beaucoup plus grande que les carnivores et, toute proportion gardée eu égard au volume, bien supérieure encore à celle de l'homme. C'est ainsi qu'un million de chevaux adultes expire annuellement 3 milliards de mètres cubes d'acide carbonique, et qu'un million de ruminants de la taille du bœuf en produit dans le même espace de temps, 2 milliards 300 millions de mètres cubes.

Si donc il était donné de connaître seulement le nombre des herbivores domestiqués vivant actuellement dans la dépendance de l'homme, on arriverait à des chiffres tels que l'on pourrait difficilement, suivant nous, se refuser à conclure à des changements de rapports, au moins imminents, entre les éléments atmosphériques.

Quant au produit des autres fonctions physiologiques, il faut renoncer à exprimer même par
approximation, quelle est sa part d'influence sur
le milieu physique. L'accroissement des races
animales auxquelles nous venons de faire allusion autorise seulement à penser que l'azote,
entre autres, est dégagé aujourd'hui dans l'atmosphère terrestre avec plus d'abondance qu'au
début de la période géologique à laquelle nous
appartenons et qu'il tend à modifier en ce sens
sa composition primitive.

Ici, les races carnivores reprennent le dessus :
et suivant qu'elles augmentent quant au nombre des individus qui les composent, ou qu'elles
diminuent; l'azote exhalé ou rejeté par elles en
combinaisons organiques et, dans ce dernier
cas, restitué à l'atmosphère par le fait de la décomposition des produits animaux, augmente
plus ou moins sans diminuer jamais, puisque
toutes les espèces, sans distinction, contribuent
à fournir leur contingent de ce corps [1].

(1) Il ressort d'expériences dont les résultats ont été consignés par
MM. Littré et Robin dans leur dictionnaire, que l'azote est exhalé sui-

Suivant donc que l'équilibre primitif subsiste intact entre les espèces animales et végétales, ces espèces trouvent dans le maintien des proportions normales des éléments atmosphériques qui en est la conséquence , une garantie de durée; mais vient-il à être rompu au profit des unes ou des autres, celles qui l'emportent modifient à leur manière le milieu physique.

Supposons pour un moment, par exemple, les espèces végétales prenant un accroissement tel qu'elles envahissent toutes les surfaces aujourd'hui émergées : elles verseront dans l'atmosphère des torrents d'oxygène qui, après avoir pour un instant activé les fonctions animales, provoqueront bientôt l'épuisement des organes où s'engendrent celles-ci ; d'où suivra comme conséquence l'anéantissement des races. Mais là ne se borneraient pas les effets d'une rupture

vant les espèces à raison de 4 à 7 parties pour 1,000 d'oxygène consommé. En adoptant les bases qui ont servi aux calculs ci-dessus relatifs à l'oxygène et à l'acide carbonique, on arrive à trouver qu'il est rejeté au dehors par la race humaine en une année 1 milliard 713 millions de mètres cubes d'azote qui, de même que l'acide carbonique, y demeurent en partie et servent en partie à des combinaisons diverses avec différents corps de la nature.

en ce sens de l'équilibre normal entre les espèces. Les végétaux, en effet, après avoir modifié
l'atmosphère en y versant le produit de leurs
fonctions, n'y trouveraient plus, à leur tour,
après un certain temps, les éléments nécessaires
à leur propre existence.

III

A ce travail incessant et sourd qui se fait ainsi
dans la masse atmosphérique suivant des lois
déterminées, l'homme vient joindre encore les
résultats de sa puissante influence sur tout ce
qui l'entoure.

Deux ordres de faits, identiques dans leurs
conséquences et qui ne sont dus qu'à lui, contribuent, en effet, à accroître dans une proportion
notable l'importance des modifications dont
nous nous occupons ici.

Sur tous les points du globe, qu'il s'ingénie à
pourvoir ici aux exigences de plus en plus im-

périeuses d'industries multipliées, qu'il obéisse
seulement là aux besoins tout primitifs de la vie
pastorale ou sauvage, l'homme brûle une grande
partie des substances organiques ou minérales
répandues à la surface de la terre ou enfouies
dans le sol. Une autre partie de ces mêmes
substances organiques qu'il ne livre pas à la
combustion est néanmoins dénaturée par lui
pour être autrement utilisée et, dès ce moment,
perdue pour la vie générale dont elle contribuait
pour sa part, à maintenir les conditions dans un
certain équilibre.

C'est ainsi que pour l'une ou l'autre de ces
fins, l'homme défriche dans les diverses parties
du monde de vastes forêts qui ne sont que très
incomplètement remplacées [1].

(1) M. Becquerel, à propos de recherches sur la température du sol
communiquées par lui à l'Académie des sciences, a fait connaître que
chaque année on défriche en France de 35 à 36,000 hectares de forêts
et que 10,000 seulement sont reboisés.

Les forêts de Tecks ont presque entièrement disparu du sol de l'Inde
anglaise, de la presqu'île de Malacca et de beaucoup de points de l'île
de Sumatra. (J. Clavé. — Études sur les forêts de l'Inde. — Revue des
Deux-Mondes.)

On sait avec quelle rapidité disparaissent aujourd'hui, sous la hache

C'est ainsi, encore, qu'il extrait du sein de la terre d'immenses quantités de houille et d'huile minérale dont il met, par la combustion, les éléments en liberté.

Deux phénomènes de nature différente, mais conduisant à des résultats corrélatifs entre eux, se produisent dans le premier cas. Par la destruction des forêts, l'homme tarit d'abord, dans une certaine mesure, l'une des principales sources de l'oxygène, car les plantes herbacées et arborescentes qui prennent la place des arbres, n'ont pas, relativement à la production, de ce gaz et, toute proportion gardée, une énergie fonctionnelle égale à celle des grands végétaux. De plus, il jette dans l'atmosphère par la portion de ces bois qu'il brûle, tous les produits gazeux qui y étaient enfermés à l'état de combinaison.

Mais c'est surtout par suite de la combustion de la houille et des corps carburés analogues à celle-ci, combustion qui s'effectue aujourd'hui

des pionniers, les vastes forêts du Canada et des États-Unis. Les forêts de la Californie, du Mexique, du Chili et du Brésil perdent également chaque jour de leur étendue.

sur tous les points du globe, que l'atmosphère tend à s'imprégner de plus en plus des produits dont nous venons de parler et qui sont, à peu de chose près, de même nature que ceux dont il est question dans le cas précédent.

Bien que les gisements de houille actuellement connus ne soient, si l'on veut, qu'une portion de ceux qui sont enfouis jusqu'au sein des terres glacées des pôles, jusques sous le sol de certaines mers et, enfin, dans des points encore ignorés de quelques continents, il faut convenir, cependant, qu'ils représentent déjà d'énormes volumes de gaz. D'autre part, il n'est pas difficile de prévoir que sous l'impulsion des nécessités toujours croissantes de l'industrie, bon nombre de ces gisements, aujourd'hui encore inconnus, seront mis à découvert et exploités à leur tour.

Or, lorsque l'homme, après un nombre de siècles qu'il est inutile de chercher à déterminer, aura épuisé les uns et les autres, évidemment, il aura rendu à l'atmosphère du globe une notable partie de l'acide carbonique que les végé-

taux de la période primaire lui avaient sous-
traite pour se développer et qui se trouvait em-
magasinée dans les formations houillères. L'im-
prégnation de l'atmosphère par les gaz mis ainsi
en liberté a beau n'être pas sensible encore
pour nos instruments, elle s'opère cependant
peu à peu, quitte à exiger pour devenir matériel-
lement évidente un nombre immense d'années.
D'ingénieux calculs [1], basés d'une part sur la
puissance des couches de houille aujourd'hui
connues et, de l'autre, sur l'accroissement en
proportion presque géométrique des besoins de
l'industrie, établissent que les gisements de
houille actuellement exploités ou à la veille
de l'être, devront être épuisés en 300 ans [2].

[1] Sir W. Armstrong en 1864 et sir R. Murchison en 1865, se sont
occupés de cette question en ce qui concerne l'Angleterre et ses colo-
nies : Nous donnons les résultats de leurs calculs. De son côté, M. Pé-
ligot dans une note soumise à l'Académie des sciences, évaluant à
133 millions de tonnes la consommation annuelle de la houille dans tout
le globe, estime d'après cette donnée, qu'il est versé dans l'atmosphère
304 milliards de mètres cubes d'acide carbonique durant le même espace
de temps.

[2] Les ingénieurs américains, en portant à un très haut chiffre la
puissance des gisements de houille reconnus dans toute l'étendue de

Supposons qu'ils le soient seulement en 600 ;
supposons de plus que les sources de combustible de toute nature restant à découvrir exi-
gent à leur tour plusieurs milliers d'années
pour que leur contenu soit transformé en gaz,
la modification de notre milieu ambiant, pour
devoir être lente, n'en est pas moins inévitable,
et elle entraînera après elle toutes ses conséquences. L'évolution du phénomène dont nous
nous occupons ici, bien qu'elle soit accélérée
par la continuité même de sa cause et par l'in-
cessante activité humaine, est donc trop récente
et s'opère dans un champ trop vaste pour que le
phénomène lui-même se traduise par des résultats apparents pour les générations qui viennent
seulement de le surprendre. Mais cette lenteur
même d'évolution est un des traits caractéristiques des phénomènes dont l'atmosphère est le
siége aussi bien que des autres phénomènes
géologiques. Les transformations atmosphériques véritablement radicales ont été en effet

l'Amérique septentrionale, croient pouvoir conclure que des milliers
d'années s'écouleront avant qu'ils soient totalement épuisés.

assez peu nombreuses jusqu'à nous; les principaux agents de ces transformations, les espèces
animales et végétales, voulons-nous dire, dont
le mode d'existence et d'action radicalement
différent de celui d'autres espèces pouvait produire, par suite, dans le milieu atmosphérique
des changements radicaux, ayant été, en dernière analyse, assez peu nombreux depuis l'origine des choses (1).

Aussi, sans s'en laisser imposer plus que de
raison par l'apparente fixité des éléments de
notre atmosphère, telle que la constatent les
diverses analyses répétées depuis le commencement de ce siècle, sans chercher davantage à
préciser l'époque où les phénomènes de transformation seront devenus parfaitement sensibles, peut-on dire, en s'étayant de faits connus,
qu'il arrivera un moment où l'atmosphère sera
modifiée au point de ne plus permettre à la vie
de s'exercer dans les mêmes conditions que
celles où elle s'exerce aujourd'hui à la surface
du globe.

(1) Voir la note B de l'appendice.

Mais pendant les diverses phases de ces transformations, la santé des espèces organisées pour vivre dans un milieu dont le nôtre serait actuellement le type ou l'aurait été il y a peu de temps, aura subi des altérations correspondantes.

Ainsi, pour ne parler que de l'homme et en raisonnant dans l'hypothèse d'un milieu ambiant dont les éléments constitutifs, tout en restant les mêmes, prendraient peu à peu des proportions légèrement inverses, les lésions du système circulatoire et les lésions pulmonaires, entre autres, deviendraient chose commune et pourraient prendre la prépondérance parmi les causes de la mort. De plus, on sait qu'à l'inverse de l'oxygène qui, absorbé par les parenchymes et les tissus, y provoque une excitation qui active les fonctions des organes qu'ils constituent, l'acide carbonique et les corps carburés déterminent dans les mêmes parties qui peuvent également s'en imprégner directement, une diminution, puis bientôt après une abolition de la sensibilité nerveuse. Or, ne s'ensuivrait-il pas, dans ce cas, une altération fonctionnelle des centres nerveux produite, sans doute, par action réflexe; altération qui ne tendrait à rien moins, vu la généralisation et la permanence de sa cause, qu'à amener l'atrophie de ces centres, d'où la dégénérescence de l'espèce dont l'attribut principal consiste précisément dans la perfection de son système nerveux.

IV

Outre ces causes qui sont de nature à introduire dans le milieu physique certaines modifications du genre au moins de celles que nous venons d'indiquer, il en est d'autres provenant également du fait de l'homme et bien propres à influer, à la longue, non seulement sur l'atmosphère, mais encore directement sur les espèces elles-mêmes. Nous voulons parler de celles qui résultent de la présence à la surface du sol de ces masses de métal, aujourd'hui éparses à profusion sous toutes les latitudes, qui tendent à augmenter sans cesse.

L'influence de cet ordre de causes ne peut être encore que soupçonnée, il est vrai : cependant, il paraît difficile que l'esprit consente à admettre que là où ces masses métalliques sont largement répandues, où leurs propriétés naturelles et acquises sont développées et, peut-être, transformées par le frottement et l'action continue des corps en contact avec elles, elles restent complètement inertes pour tout ce qui les entoure.

N'est-on pas fondé à se demander, au contraire, si ces énormes quantités de métal, tantôt disposées en conducteurs immenses aboutissant à de larges surfaces tenues dans un continuel état de vibration [1], tantôt accumulées sous diverses formes à l'air libre pour les besoins de la civilisation et de l'industrie, ne constituent pas des appareils de différents ordres, suscepti-

---

(1) Il y a aujourd'hui 120,000 kilomètres de chemins de fer dans les diverses parties du monde, c'est-à-dire, une longueur suffisante pour faire trois fois le tour de la terre dans son plus grand diamètre.

bles d'influer sur l'état de l'atmosphère aussi
bien que sur la production et la succession régulière des phénomènes météorologiques dont
celle-ci est le siége ?

Relativement à l'atmosphère, par exemple,
cette cause n'influe-t-elle pas d'une façon quelconque sur son état de tension électrique ?
N'agit-elle pas également sur la production de
l'ozône, ce corps qu'il est permis de qualifier de
singulier, puisque l'on est loin d'être d'accord
sur le rôle qu'il joue dans la nature et que l'on
constate alternativement son absence et sa présence dans des conditions en apparence identiques ?

Ces masses métalliques n'influent-elles pas
sur l'état magnéto-électrique du sol qu'elles re-
couvrent, en soutirant aux couches sous-jacen-
tes pour l'amener à la surface, l'accumuler en
certains points et la déverser ensuite au-dehors,
une quantité quelconque des fluides impondéra-
bles dont la terre est le réservoir commun ?

Par ces différents modes n'agissent-elles pas
indirectement sur les êtres vivants dont les rap-

ports avec l'air et le sol sont trop étroits pour
qu'eux-mêmes ne reçoivent pas le contre-coup
des modifications qui pourraient être imprimées
à l'un et à l'autre ?

Enfin, sont-elles elles-mêmes sans influence
sur les organismes qui les entourent ? ou bien,
agissant sur eux à la manière d'immenses appareils d'induction, ne pourraient-elles déterminer
dans la trame intime de leurs tissus certains
ébranlements moléculaires de nature à troubler
l'équilibre des fonctions ?

Ce sont là autant de questions que l'état actuel
de nos connaissances ne permet pas de résoudre. Suivant nous, il serait cependant téméraire
d'opposer l'absence de constatations scientifiques rigoureuses comme fin de non recevoir
aux hypothèses que peuvent susciter ces questions; car il n'est pas déraisonnable de penser
que certains faits mal définis encore et d'origine
obscure et incertaine pour nous, seront claire-
ment perçus par l'avenir et, peut-être, rattachés
par lui à cette cause dont nous ne pouvons
encore mesurer la puissance.

TROISIÈME MÉMOIRE

I

L'influence des espèces sur le milieu physique est, ainsi que nous venons de le voir, insaisissable pour chaque génération : sur le milieu organique, il n'en est pas tout à fait ainsi. Celle-ci, en effet, détermine deux sortes de résultats : les uns, immédiats, que l'homme peut, jusqu'à un certain point, saisir et reconnaitre ; les autres, médiats ou éloignés et, partant, appréciables seulement après un temps plus ou moins considérable.

Les premiers consistent dans l'amoindrissement, puis dans l'anéantissement de certaines

espèces par le fait de certaines autres ; les se-
conds dans les modifications physiques qui suivent nécessairement les premiers. Cette influence que les organismes exercent les uns sur
les autres est proportionnelle, ainsi que nous
l'avons déjà dit, à la puissance de leur vie de
relation et au nombre des individus constituant
chacune de leurs séries. Quelle qu'elle soit,
d'ailleurs, elle provoque la rupture de l'équilibre
existant à un moment donné dans le milieu
organique, équilibre dû lui-même au rapport
qu'offraient entre elles à ce moment les différentes espèces.

Un regard jeté sur le spectacle organique
offert par l'une des grandes époques géologiques
instituées par la science, fera mieux qu'aucune
explication, saisir la signification et la portée de
la proposition qui vient d'être énoncée.

Si l'on prend l'époque tertiaire, par exemple,
et que, celle-ci choisie, on l'observe au moment
de son plein développement, c'est-à-dire, durant
la période miocène, on voit les divers organismes contemporains de cette formation occuper

une étendue quelconque à la surface du globe.
Ainsi, le règne végétal était alors, relativement
au règne animal, dans une certaine proportion,
et les espèces animales distinctes offraient également entre elles, au même moment et eu
égard au nombre d'individus composant chacune d'elles, un rapport proportionnel quelconque. De cette situation relative, aussi longtemps
qu'elle se maintînt intacte, résulta l'équilibre
organique dont il est ici question et, conséquemment, les effets dus à l'action réciproque
exercée par les organismes d'alors les uns sur
les autres.

Mais il est d'observation que les espèces,
quelles qu'elles soient, ne restent pas station-
naires; elles s'accroissent, puis décroissent, et
dès lors que l'une d'elles ou que quelques-unes
d'entre elles ont pris sur leurs contemporaines
la prépondérance ou bien qu'elles l'ont perdue,
l'équilibre général auquel elles contribuaient se
trouve rompu, et les conditions vitales qui en
étaient la conséquence disparaissent pour faire
place à d'autres.

Les découvertes paléontologiques mettent ces faits hors de doute et montrent partout les traces de cette sorte d'empiètement successif des espèces les unes sur les autres; empiètement qui paraît être le mode principal, sinon même exclusif, de la transmission de la vie sur la terre.

Ainsi, à l'époque des formations laurentiennes et cambriennes, les espèces animales [1] paraissent avoir existé seules, à l'exclusion des espèces végétales [2]. Au contraire, durant la période carbonifère, le règne végétal, en prenant un développement de nature à restreindre et à modifier les conditions nécessaires à l'entretien de la vie dans le règne animal, semble l'avoir emporté de beaucoup sur celui-ci. Une sorte d'équilibre paraît avoir existé entre l'un et l'autre durant les époques secondaire et tertiaire; tandis que depuis l'origine de la formation à laquelle nous appartenons, les espèces végétales

(1) Foraminifères (Eozoon canadense) dans le laurentien ; annélides (Arenicolites sparsus) zoophytes et trilobites dans le cambrien inférieur.

(2) Il n'est pas impossible qu'il ait existé alors des microphytes ou, peut-être, des végétaux élémentaires ; mais du moins, n'a-t-on pas trouvé encore que nous sachions de vestiges de végétaux.

tendent à s'effacer de plus en plus devant les espèces animales.

Il nous est donné, du reste, d'observer directement, dans son évolution, le phénomène dont nous parlons ici. Nos ancêtres ont connu, chassé, reproduit grossièrement par la sculpture durant l'âge de pierre et, plus tard, décrit des races d'animaux aujourd'hui disparues et, parmi celles-ci, quelques-unes depuis la fin du moyen-âge seulement [1]. L'homme fait depuis longtemps une guerre acharnée aux animaux et surtout à ceux de grande taille. Par suite de l'accroissement de la race humaine et du développement de ses moyens d'action, cette guerre devient de plus en plus destructive, et le temps n'est pas éloigné où les grands carnivores du genre *felis,* notamment, où les grands herbivores, tels que l'éléphant, le rhinocéros, l'hippopotame, où les cétacés de tout ordre auront cessé d'exister. Ne s'ensuivra-t-il pas, dans le milieu organique où

---

(1) Le *droute* ou *dodo*, gallinacé d'une taille énorme, a été vu à l'île de France en 1626. La disparition définitive de l'épiornis des alluvions superficiels de Madagascar, n'est peut-être pas de beaucoup antérieure.

vivaient ces espèces, de notables modifications ?
Et, secondairement, le milieu physique ne sera-
t-il pas influencé par leur disparition ?

On sait, par exemple, quelle immense quantité de microzoaires marins engloutissent, pour
subsister, certaines familles, et non de celles
contenant les individus les moins volumineux
de l'ordre des cétacés.

Or, ces microzoaires puisent dans leur milieu
et proportionnellement à leur nombre les éléments de leur développement, c'est-à-dire, qu'ils
soustraient à ce milieu certains éléments que
s'assimilent plus tard les animaux dont ils sont
la proie ; lesquels, à leur tour, déversent une
partie de ceux-ci au-dehors. Ne ressort-il pas
évidemment de là, que lorsque rien n'arrêtera
plus l'accroissement des animaux et des zoophytes, pour la plupart presque microscopiques
dont nous venons de parler, il en résultera une
certaine modification dans la composition et
peut-être dans le volume (1) du milieu où pullu-
laient ces petits organismes.

(1) Le développement de la vie considéré spécialement dans les orga-

Mais les animaux, avec leur vie de relation étendue, n'ont pas seuls le privilége d'influer sur le milieu organique : les végétaux ont à cet égard une puissance d'action non moins évidente.

Là où la vie végétale, favorisée par les circonstances climatologiques et topographiques, s'est développée avec exubérance, elle entrave ou restreint l'expansion de la vie animale [1]. C'est un fait également connu que certaines espèces végétales nouvellement introduites dans des régions où se trouvent réunies des conditions, pour elles, pleinement favorables, finissent, si

nismes presque microscopiques dont il est ici question, est immense sous les latitudes élevées. Par 60 brasses de profondeur, la sonde ramène encore une sorte de limon uniquement composé de restes informes d'organismes de toute sorte, de carapaces siliceuses de plusieurs espèces de petits animaux, de débris de zoophytes ; le tout à un degré plus ou moins avancé de fossilisation. Le sol de la mer qu'ils contribuent naturellement à exhausser, en est formé suivant une épaisseur encore inconnue.

(1) Dans une lettre écrite par le docteur Livingstone à sir R. Murchison et lue par ce dernier, en avril 1868, à la Société géographique de Londres, le célèbre voyageur dit qu'il vient de traverser des forêts immenses et que dans le trajet qui a duré 18 jours, il a été frappé de l'absence et de la rareté de la vie animale dans ces parages où lui et sa suite ont souffert de la disette.

l'homme n'intervient, par en faire disparaître les espèces qui y étaient primitivement dominantes et par prendre leur place. Les espèces végétales de l'ordre le plus infime s'attaquent parfois à des êtres d'une organisation supérieure et, en vertu de la loi d'empiètement dont nous avons dit un mot, elles arrivent à en triompher. C'est ainsi, par exemple, que des microphytes tout à fait élémentaires, tels que le *botrytis bassiana* et les corpuscules végétaux ou de nature incertaine [1], ont mis en péril l'existence d'une espèce entière, celle du ver à soie du mûrier.

Ce sont là, en définitive, les derniers effets de ce qu'on a appelé la « concurrence vitale. » En vertu d'une loi inexorable, inhérente à leur nature, les espèces, quelles qu'elles soient, sont condamnées à se faire mutuellement la guerre pour entretenir leur vie, et il en résulte cette conséquence, pour toutes inévitable, qu'après avoir influé directement par leurs actions propres sur le milieu physique qui les entoure, elles travaillent indirectement à le modifier encore en

---

[1] Observés par M. Cornalia.

rompant incessamment l'équilibre du milieu organique. Car nous le répétons à dessein : les
espèces influant chacune selon son mode particulier d'action sur la composition de son milieu
physique, ce milieu doit infailliblement recevoir
le contre-coup de toute modification imprimée
au milieu organique.

Ainsi, peut-être, pourrait s'expliquer l'apparition au début même de chaque formation ou,
tout au moins, de chaque période, d'êtres appartenant au type de ceux qui vont devenir la caractéristique de cette formation ou de cette
période, mais qui, plus simples que ceux qu'ils
précèdent, offrent en même temps quelques
traits de ressemblance avec les êtres de la formation qui vient de finir. Dans cette hypothèse,
ces précurseurs, si l'on peut les appeler ainsi,
organisés de manière à pouvoir vivre encore au
milieu de conditions rappelant par quelques
points celles de la formation précédente, auraient pour mission d'élaguer du nouveau milieu
organique tout ce qui tendrait à y perpétuer
les conditions de l'ancien et d'en faire disparaî-

tre, par suite, tout ce qui pourrait entraver le développement des espèces perfectionnées dont ils sont eux-mêmes la première ébauche [1].

Les actions organiques dont nous venons de parler, aussi multiples et aussi complexes qu'on voudra les imaginer, ne produisent, d'ailleurs, aucune combinaison capable d'annihiler la diversité de leurs conséquences et de ramener les choses à l'équilibre primitif. C'est là ce que tendent à démontrer les différences signalées entre chaque période ou chaque formation géologique.

Le circuit suivant lequel les végétaux empruntent à l'air et au sol des éléments inorganiques qu'ils convertissent en éléments organiques pour les transmettre ensuite aux animaux, lesquels, à leur tour, les restituent à l'atmosphère et au sol sous leur forme primitive d'éléments inorganiques; ce circuit, que l'on pourrait être tenté de donner comme une preuve de la pérennité de la vie telle que nous la voyons, n'explique tout au plus que son mode actuel d'entretien.

(1) Voir la note C de l'appendice.

Sans aucun doute, les éléments constitutifs
des différents règnes sont restés les mêmes de
tout temps sur la terre; ils sont fixes et il est
certain qu'il ne s'en est perdu ni produit un seul
depuis l'origine des choses. C'est d'eux que la
vie, depuis qu'elle a paru sur le globe, a reçu les
diverses conditions par lesquelles elle s'est révélée jusqu'ici. Ce qui a varié, ce sont les combinaisons de ces éléments, et cette variation a été
suivie à son tour et sera suivie autant de fois
qu'elle se produira, de manifestations vitales
différentes. Il n'y a donc pas lieu de tirer de
l'existence bien réelle de ce circuit un argument
contre la possibilité de la modification du milieu
physique.

II

Nous avons déjà dit quelques mots des conséquences qu'entraînent pour les êtres vivants
les modifications introduites dans le milieu pour
lequel ils avaient été, tout d'abord, expressément

organisés. Ces conséquences que tout le monde
connaît, se résument pour les individus dans les
deux termes précédemment énoncés : la maladie,
puis la mort, pour les espèces, dans ceux-ci, qui
sont adéquats aux premiers : la dégénérescence,
puis l'extinction. Il suffira donc d'en rappeler
sommairement quelques-unes pour mettre sur
la voie de toutes les autres.

Des expériences directes et des observations
longtemps continuées ont démontré, par exemple, l'influence sur les espèces végétales et animales d'une atmosphère dont la densité est artificiellement augmentée, aussi bien que d'une
atmosphère raréfiée. Dans le premier cas, les
organismes, après avoir présenté dans toutes
leurs parties un surcroît de vitalité, succombent
par le fait d'une activité fonctionnelle hors de
proportion avec la force des organes d'où elle
émane.

Dans une atmosphère offrant, au contraire,
une densité quelque peu inférieure à la moyenne,
des effets différents se produisent d'abord, mais
pour aboutir à des résultats identiques à ceux

4

qui viennent d'être signalés dans le cas précédent. A une certaine hauteur au-dessus du niveau de la mer, les espèces végétales qui se présentent ailleurs sous la forme d'arbres élancés et vigoureux, n'offrent plus que des arbrisseaux rabougris. Les espèces animales perdent, là aussi, quelques-uns de leurs caractères. La race humaine qui conserve sous toutes les latitudes sa faculté génésique, la perd passé une certaine hauteur [1].

Enfin, dans un air confiné, les organismes languissent, dégénèrent et perdent bientôt la faculté de se perpétuer par la génération [2].

Pour que ces différents effets se produisent, il n'est pas nécessaire que les modifications éprouvées par le milieu ambiant soient bien considé-

(1) Boudin, Géographie médicale. Cet écrivain fait en outre cette remarque assez curieuse, que la race juive conserve, plus haut qu'aucune autre, la faculté de se reproduire. Ajoutons ici que bien que l'homme puisse se reproduire sous toutes les latitudes, cependant les Européens se reproduisent, en général, assez difficilement sous les Tropiques et cessent même au bout de peu de temps de pouvoir se reproduire entre eux. Les Nègres offrent le même phénomène sous les latitudes élevées et les Lapons dans les pays tempérés.

(2) Par exemple, les Crétins du Valais et les Cagoths des Pyrénées.

rables. L'air des grands centres de population est incontestablement moins salubre que celui des campagnes; l'expérience journalière prouve même qu'il a pour certains organismes des propriétés vraiment délétères, et pourtant sa composition diffère extrêmement peu de celle de l'air considéré comme le plus propre à l'entretien normal de la vie.

La population animale de certains étangs ou de quelques portions de certains cours d'eau, est parfois tout entière frappée de mort, et les procédés d'analyse les plus ingénieux ne parviennent pas à faire découvrir dans la masse liquide la moindre trace d'une altération quelconque.

C'est qu'en réalité, les organes des êtres vivants sont bien autrement sensibles aux influences physiques de toute nature que les instruments les plus délicats et les mieux perfectionnés. Ils fonctionnent avec un redoublement d'énergie ou languissent et perdent même totalement leur action, alors que les moyens que nous employons pour découvrir ou pour mesurer les forces répandues autour de nous, ne nous indiquent rien d'insolite en apparence.

De ce qui a été dit jusqu'ici, on peut donc légitimement inférer, suivant nous, que le rapport entre les organes des êtres de la formation actuelle et les milieux au sein desquels ils fonctionnent n'étant plus exactement le même qu'il y a un certain nombre de siècles et, en outre, que ce rapport tendant à changer de plus en plus, alors que les organismes ne prennent pas une accommodation corrélative, il y a dans ce double fait une cause durable et profonde de trouble pour ces espèces.

QUATRIÈME MÉMOIRE

INFLUENCE DES ESPÈCES SUR ELLES-MÊMES.

Indépendamment des troubles fonctionnels résultant pour les espèces des causes sur lesquelles nous nous sommes arrêtés jusqu'à présent, il en existe d'autres qui sont dus à l'influence qu'elles exercent sur elles-mêmes.

Nous ne parlons pas des habitudes morbides contractées par elles sous l'influence d'une altération de milieu qu'elles ne peuvent empêcher. Ces habitudes [1], en rompant progressivement

---

[1] On a appliqué le nom d'*habitude morbide* à une disposition maladive de certains organes ou de certains appareils d'organes chez les individus et pouvant rester chez eux à l'état latent ou, d'autres fois, pouvant éclater avec tous ses effets ; mais, en tout état de cause, toujours transmise par eux à leur descendance.

l'équilibre fonctionnel des individus, abâtardi-
sent de plus en plus les générations qui se les
transmettent et ne font qu'accélérer, pour les espèces, une disparition qu'aurait amenée plus tard
la modification progressive de leurs milieux
respectifs. D'ailleurs, cette sorte d'influence est
subie passivement et non spontanément exercée
par les organismes à qui elle devient fatale.
Celle, au contraire, dont nous allons nous occuper étant, comme le fait présager sa désignation,
toute volontaire, ne peut être que l'œuvre d'une
espèce douée d'aptitudes particulières, de celle
en un mot dont on a fait, dans ces derniers
temps, un règne à part sous le nom de règne
hominal (1).

L'homme, en effet, outre celles qu'il subit
comme tous les autres organismes contemporains, exerce sur lui-même certaines influences
tout à fait actives, déterminant, comme nous
l'allons voir, des habitudes morbides parmi lesquelles il en est d'exclusivement propres à sa

(1) Gratiolet, après quelques tentatives faites par plusieurs physiologistes et naturalistes, Schranch, entre autres.

nature. Celles-ci, comme les autres, du reste, ne vont à rien moins qu'à modifier certaines parties de l'organisme humain et, par suite, à altérer profondément l'équilibre fonctionnel avec lequel il avait été primitivement créé.

A quelle époque le parfait équilibre que nous invoquons comme un critérium, a-t-il existé chez l'homme ? Avec quelle forme d'état social a-t-il coïncidé ? A-t-il même jamais pu exister dans un organisme aussi mobile que l'homme ? Autant de questions qu'il sera toujours, sans doute, impossible de résoudre. Ce qu'on peut seulement affirmer à coup sûr, c'est qu'il n'existe pas chez l'homme moderne, ni surtout chez celui qui appartient aux races indo-européennes, sur lequel nos observations peuvent le plus facilement porter.

Tandis, en effet, que chez l'homme de l'âge de pierre, toute la force vitale concentrée vers le système musculaire et vers quelques appareils sensoriaux, leur communiquait une énergie, d'ailleurs, nécessaire en l'état des choses, à la conservation de l'espèce; que chez l'homme de l'antiquité, le moins mal équilibré, peut-être, les systèmes musculaire et nerveux, recevaient un développement que les institutions s'efforçaient de rendre égal, tandis que le système musculaire reprenait une prépondérance exclusive chez l'homme du moyen âge ; au contraire, chez l'homme moderne, tout semble concourir pour assurer au système nerveux une prééminence hors de toute proportion avec les autres systèmes.

Un examen sommaire de ce qui se passe autour de nous dans les sociétés modernes, permettra de se convaincre de la réalité du fait, tout en en montrant les causes. D'abord, les sentiments affectifs propres à l'âme humaine sont continuellement mis en jeu par les influences les plus diverses. Entraîné, d'un côté, par ses instincts dont le mode actuel d'existence ne laisse sommeiller aucun, et par ses appétits que développent des excitations plus nombreuses qu'il n'y en eut jamais ; retenu, de l'autre, par des croyances plus précises et par des exigences sociales plus étroites et plus multipliées qu'à

aucune époque que ce soit, l'homme moderne.
en cherchant à opérer, entre ces intérêts oppo-
sés, une conciliation. impossible est par là
même sans cesse tiraillé en sens contraire et,
cela, avec une violence elle-même en rapport
avec la multiplicité des causes et l'importance
que son esprit leur attribue. De là, pour ses facultés une tension perpétuelle et pour les organes
qui sont les agents de celles-ci un accroissement notable de capacité fonctionnelle payée, si
l'on peut ainsi dire, par une fatigue correspondante.

Ensuite, son attention est tenue constamment
en éveil. Autrefois confiné dans un espace restreint par le manque de communications,
l'homme vivait sur un très petit nombre de notions. Au temps où déjà, cependant, il n'était
plus uniquement obligé de ne songer qu'à sa
subsistance, ces notions étaient celles que lui
fournissaient l'observation des choses contenues
dans un horizon nécessairement étroit, ainsi
que l'échange d'idées qu'il pouvait faire avec
ceux près desquels il vivait. Les faits étaient

rares pour l'homme de ce temps; ils se succé-
daient pour lui avec une extrême lenteur, et ne
pouvaient, partant, fatiguer son attention.

Aujourd'hui, il n'en est plus ainsi et il n'est
pas d'homme, même parmi les plus obscurs, à
qui n'arrive journellement une somme d'infor-
mations bien autrement grande que celle que
purent jamais recevoir dans les siècles antérieurs à celui-ci, les plus puissants personnages.
Ses notions s'en accroissent, il est vrai, dans une
proportion considérable; des sentiments nouveaux ou jusque-là muets, se font jour en lui
sous la même influence; mais en même temps,
il s'ensuit pour son cerveau une continuelle
excitation inconnue à la presque totalité de ses
devanciers de tous les âges.

Ainsi, en même temps que des idées plus
nombreuses, surgissent plus nombreuses aussi
des aspirations et des convoitises qui, les unes
réalisées ou non, les autres assouvies ou inas-
souvies, stimulent avec une intensité croissante
l'activité du système nerveux.

Or, c'est un fait depuis longtemps acquis à la

science, que ceux des organes des êtres vivants qui sont le siége d'une stimulation spéciale, se développent, relativement aux autres, suivant une proportion plus ou moins considérable, mais toujours suffisante pour modifier l'équilibre organique et, partant, fonctionnel qui était propre à ces êtres. Des recherches récentes faites précisément sur le volume du crâne chez l'homme [1], c'est-à-dire, en définitive, sur le volume de son principal centre nerveux, en confirmant une fois de plus cette loi bien connue, viennent en même temps corroborer par un témoignage matériel ce que nous avons avancé touchant la rupture de l'équilibre organique et fonctionnel humain par le fait de l'homme lui-même.

Il résulte, en effet, de la comparaison de trois séries de crânes de cent spécimens, chacune, comprenant : la première, des crânes antérieurs au XIIe siècle; la deuxième, des crânes antérieurs au XVIIIe, et la troisième, des crânes datant du commencement du XIXe, qu'en mesurant la portion de la courbe céphalique antero-postérieure qu'oc-

[1] Travaux de MM. Broca et Bertillon.

cupe l'os frontal, on trouve que cette courbe sous-
tend un arc de 55° avant le xiie siècle, de 56°,6
avant le xviiie, et de tout près de 58° au xixe. Ce
même arc n'est que de 54° chez le Nègre afri-
cain et seulement de 45° à 50° chez l'Australien.
Mesuré dans le sens de l'écartement des tempes,
on trouve, sur une moyenne de quatre sujets,
un angle ouvert de 90° chez l'Australien, tandis
qu'il est de 104° chez le Parisien[1].

Une sorte de jaugeage appliqué au même organe confirme les résultats fournis par les mesures angulaires, en montrant que la capacité
du crâne est d'autant plus grande chez les variétés de la race humaine que celles-ci exercent
davantage leur intelligence[2].

[1] MM. Broca et Bertillon.

[2] D'après Morton, la capacité moyenne de huit crânes australiens
serait de 1,228 centimètres cubes; celle des crânes africains de
1,350 centimètres cubes, et celle des crânes parisiens de 1,450 centimètres cubes, d'après M. Broca.

Il y a lieu de distinguer ces faits de ceux qui viennent d'être tout
récemment établis par M. Lartet. Ce savant a montré, à l'appui de l'opinion émise sur le perfectionnement organique des espèces, que la capacité organique du crâne a sensiblement augmenté depuis les époques
paléontologiques jusqu'à nos jours, dans les mammifères, notamment
dans ceux de même famille et de même genre, comme, par exemple, la

Cette prédominance constatée du système nerveux se trahit, du reste, par des effets déjà appréciables. C'est à elle, sans aucun doute, qu'il faut reporter le nombre immense de ces névropathies et de ces névroses proprement dites, qui ne frappent plus exclusivement, comme autrefois, les classes privilégiées, mais qui, de nos jours, envahissent indistinctement toutes les catégories sociales. C'est à elle, encore, qu'il est légitime d'attribuer la fréquence de plus en plus grande des maladies mentales statistiquement établie dans la plupart des contrées civilisées [1].

Vivera antiqua de Blainville (miocène inférieur) comparée à la *V. ginetta* actuelle.

Dans les faits que nous avons rappelés plus haut, les mesures comparatives des crânes concernent non seulement des individus appartenant à la même formation géologique, mais encore des individus qu'au point de vue géologique, on pourrait rigoureusement appeler contemporains les uns des autres.

[1] En 1867, le nombre des aliénés dans la Grande-Bretagne était de 49,082, soit, 15,081 de plus qu'en 1857.

En Suisse, d'après M. Lunier (De l'aliénation mentale et du crétinisme en Suisse, 1868), sur une population de 2,032,119 habitants, le nombre des aliénés est de 6,258. Le crétinisme endémique comprend dans 19 cantons : 3,431 cas outre les aliénés, soit en tout, un infirme de l'intelligence sur 202 habitants.

Il faut dire à ce propos, que quelques observateurs se fondant sur

Cette prédominance explique mieux également-
ment que ne pourrait le faire aucune autre
hypothèse, l'apparition de ce qu'on a appelé la
« forme nerveuse » dans bon nombre de maladies qui ne l'avaient point offerte jusque-là. Il
est impossible, en effet, à l'esprit le plus prévenu
en faveur de la fixité des types morbides et de
la permanence des formes, de nier que « l'élément nerveux » joue aujourd'hui un rôle considérable, sinon même prépondérant dans les maladies du plus grand nombre, quels que soient,
d'ailleurs, la nature et le siége de celle-ci et jusque dans celles dites inflammatoires qui eussent,
au premier abord, semblé devoir en être à tout
jamais exemptes. Aussi, sans entrer dans des
détails nosographiques plus précis, suffira-t-il,
sans doute, de faire remarquer que la thérapeutique générale, recevant le contre-coup de ces
faits, a dû subir depuis peu d'années des modifications en rapport avec eux.

Mais ce surcroît d'activité imprimé au système

des raisons tirées de la statistique générale, ont contesté cette augmen-
tation relative du nombre des maladies mentales.

nerveux par les exigences de la vie moderne, n'a pas seulement pour résultat la prédominance de celui-ci et, consécutivement, de simples lésions fonctionnelles plus ou moins passagères, il provoque encore de véritables altérations organiques. Surexcitée ainsi suivant une progression croissante, alors que la capacité organique des centres d'où elle émane, n'augmente pas dans la même proportion, cette activité produit dans ceux où elle prend sa source, aussi bien que dans ceux où elle retentit par action réflexe, un ébranlement profond qui y détermine d'intimes changements moléculaires. C'est alors que se montrent, ici, les altérations fonctionnelles ou sensoriales les plus variées; là, de véritables paralysies accompagnées de manifestations affectives qui en indiquent la nature précise et en font découvrir les causes.

D'autres fois, il est vrai, le centre nerveux lui-même reste intact, mais les prolongements qu'il envoie dans toutes les directions et qui sont alors ses agents d'émission, ou ceux qu'il reçoit comme agents de réflection, subissent des altérations

parfois reconnaissables à l'inspection directe,
par suite desquelles les sensations ou les mouvements et même les deux fonctions ensemble,
sont plus ou moins profondément perverties.

C'est comme symptômes de ces différentes
lesions et, par conséquent, comme effets ultimes
d'une rupture en ce sens de l'équilibre fonctionnel, qu'apparaissent ces ataxies locomotrices
d'intensité variable et de cause différente ; ces
atrophies musculaires à marche plus ou moins
rapidement progressive, ces atrophies nerveuses
sans changement de volume des parties, ces
paralysies localisées ou généralisées non consécutives à des lésions instantanées de points
quelconques de l'encéphale ; ces névropathies
étendues, enfin, avec perversion ou abolition de
la sensibilité, qui, toutes autant qu'elles sont,
constituent des affections souvent protéiformes
et à physionomie étrange pour les médecins
eux-mêmes qui, s'ils ne sont pas tous d'accord
sur l'origine moderne de ces maladies, sont tous,
cependant, frappés de l'extension croissante
qu'elles prennent.

En effet, bien qu'à diverses époques déjà anciennes, on ait vu se développer des affections nerveuses frappant vivement l'imagination populaire par la singularité de leurs phénomènes, ainsi que par le grand nombre d'individus qu'elles atteignaient, aucune d'elles, cependant, ne paraît avoir offert de symptômes dénotant des lésions de même nature ni de même gravité que celles que nous observons aujourd'hui.

Telles furent, entre autres, l'épidémie nerveuse de Périnthe, dont parle Hippocrate, avec la paralysie incomplète des membres qui en était le phénomène le plus saillant, et le *tac* du xve siècle, cette singulière affection de nature également paralytique, qui fut d'ailleurs passagère chez tous ceux qui en furent atteints. Tels furent encore l'insensibilité de la peau observée au moyen âge chez les sorcières que l'on torturait avant de les brûler, les bizarres phénomènes hystériques présentés par les Ursulines de Loudun, et l'anesthésie profonde et étendue à des

5

régions entières, constatée au siècle dernier chez les convulsionnaires de Saint-Médard [1].

Ce qui caractérise les affections que nous venons de rappeler et ce qui les différencie profondément des maladies nerveuses observées dans ces derniers temps, c'est leur durée relativement courte, leur tendance à la guérison, ainsi que leur concentration en un point isolé d'une même contrée dont tous les habitants participaient cependant aux conditions générales au milieu desquelles se trouvaient les malades. Au contraire, les affections des centres nerveux ou de leurs annexes que nous considérons sinon comme exclusivement modernes, au moins comme prenant sous l'influence de causes nouvelles un développement croissant, sont répandues sous des formes constamment semblables sur tous les points du globe. Ce qui tend de plus à confirmer l'hypothèse émise à propos de leur origine, c'est que ces maladies paraissent-

(1) On sait que, de nos jours, les Aïssouas, après s'être mis dans un état d'éréthisme général, présentent des phénomènes d'anesthésie analogues à ceux des convulsionnaires du XVIIIe siècle.

sent être, en effet, sans distinction de latitude et de climat, et indépendamment de toute habitude diététique, l'apanage des populations les plus avancées.

Enfin, si l'on considère que parmi les hommes adonnés aux travaux, quels qu'ils soient, de l'intelligence, il en est un bon nombre, plus grand, par exemple, qu'à la fin du siècle dernier, ou qu'au commencement de celui-ci, qui succombe à des affections dont les symptômes dénotent un ramollissement des centres nerveux, on ne pourra méconnaître que ce fait, bien qu'il ne ressorte pas d'une statistique rigoureuse, tend toutefois à corroborer l'opinion d'une prédominance exagérée du système nerveux chez l'homme moderne.

Mais ce n'est pas seulement en influençant celui-ci que l'homme modifie, puis altère son équilibre général : il a le même pouvoir sur tous les autres systèmes. On sait, par exemple, que l'on développe à volonté le système musculaire et que l'on crée ainsi des athlètes, à la vérité, au détriment des autres systèmes et

au grand dommage , notamment de l'intelligence [1].

Que par suite de nouvelles convenances sociales résultant du progrès ou, tout simplement,
d'une capricieuse évolution de ses idées, l'homme
change les conditions générales de sa vie, il s'en-
suivra nécessairement une modification plus ou
moins profonde dans l'équilibre organique humain, laquelle, à son tour, sera plus ou moins
favorable à la conservation de l'espèce.

C'est à son organisation supérieure que
l'homme doit cette puissance que l'avenir se
chargera de qualifier. Pourvu d'un plus grand
nombre d'organes ou, au moins, muni d'appareils d'organes plus complets et plus parfaitement connexes [2] entre eux que ceux d'aucune

(1) Toutes les statues antiques d'Hercule sont remarquables par la
petitesse du volume de la tête et par l'expression inintelligente de la
physionomie. Puget dans son Milon de Crotone est le seul sculpteur qui
ait idéalisé la force brutale en lui imprimant en même temps, il est vrai,
le cachet de la douleur et de l'impuissance.

(2) La connexité des organes consiste dans la perfection des rapports
qu'ils ont les uns avec les autres, de telle sorte qu'ils puissent se sup-
pléer, au besoin, au moins en partie, et augmenter réciproquement aussi
la puissance de leurs fonctions.

autre espèce, il possède, par suite, la vie de relation la plus étendue qu'il y ait, et il a, conséquemment, par beaucoup de points, plus de
prise sur lui-même que nul autre organisme que
ce soit.

C'est ici le lieu de le remarquer : plus une
espèce est parfaite, et plus elle est exposée à des
ruptures d'équilibre. En effet, plus elle possède
d'appareils d'organes, c'est-à-dire, de fonctions,
et plus nombreux évidemment sont pour cette
espèce les sujets de trouble fonctionnel. Sa vie
de relation est d'autant plus active, il est vrai,
que le nombre de ses fonctions est plus grand,

Ainsi, la plupart des organes des sens dans l'espèce humaine, sont
moins parfaits que les mêmes organes pris dans celles des espèces où
les uns ou les autres sont spécialement développés. L'homme, par
exemple, a l'odorat moins subtil que le chien ou le porc ; la vue moins
perçante que les oiseaux et moins parfaite que beaucoup d'insectes ;
l'ouïe moins fine que les mammifères de l'ordre des rongeurs et, en
général, que les animaux sauvages; le toucher moins délicat que certains
mollusques ou que certains insectes ; ses mouvements sont aussi moins
énergiques et moins souples que ceux des carnivores digitigrades, et
cependant la connexion plus parfaite des différents organes chez lui,
supplée à ce qui manque de puissance à chacun d'eux considéré isolé-
ment, et assure à l'espèce humaine, grâce à la perfection d'un système
nerveux qui est l'agent de ces rapports organiques, une vie de relation
infiniment supérieure à celle d'aucune autre espèce que ce soit.

et elle y puise de plus nombreux moyens de défense; mais elle y trouve, en même temps, de plus nombreuses causes de trouble.

C'est à cette double circonstance que la race humaine doit d'être assujettie à un plus grand nombre de maladies qu'aucune autre espèce contemporaine. C'est également à l'influence d'une vie de relation artificiellement agrandie par l'homme, que les espèces qu'il a domestiquées doivent d'offrir des exemples de ruptures d'équilibre fonctionnel beaucoup plus nombreux que les espèces similaires vivant en liberté et réduites dès lors aux seules fonctions de relation dont elles ont été originairement pourvues par la nature.

CINQUIÈME MÉMOIRE

EXISTE-T-IL DES TROUBLES FONCTIONNELS QUE L'ON
PUISSE RATTACHER DÈS A PRÉSENT
AUX MODIFICATIONS RÉSULTANT DES DIVERSES
INFLUENCES EXERCÉES PAR LES ESPÈCES ?
EXAMEN SPÉCIAL
DE CE QU'IL EST DONNÉ D'OBSERVER A CET ÉGARD
DANS L'ESPÈCE HUMAINE.

I

Les différentes sortes d'influence dont il a été jusqu'ici question, tendant, comme nous l'avons vu, à amener autour des espèces de la formation présente des conditions pour lesquelles celles-ci n'avaient pas été organisées, ont-elles, par suite, engendré des troubles, nouveaux comme leur cause ?

En ce qui concerne l'homme dont nous connaissons mieux le passé nosologique et que nous pouvons observer plus facilement que nul autre organisme, est-il aujourd'hui, par suite de ces circonstances, soumis à des maladies que l'on puisse dire nouvelles ?

Cette question, qui se présente naturellement ici comme une conséquence de tout ce qui précède, il n'est pas d'homme du monde qui n'ait eu occasion de la faire, pas de médecin, surtout, à qui elle n'ait été souvent adressée. La terminologie médicale de nos jours, avec sa prétention, souvent justifiée, du reste, d'appliquer des noms descriptifs et synthétiques à certaines collections de phénomènes morbides constituant chacune autant de maladies, cette terminologie frappe l'esprit de beaucoup de personnes, déroute bien vite une érudition médicale nécessairement très courte et motive les questions.

C'est ainsi, pour n'en citer que quelques exemples des plus communs, qu'il n'était pas rare, il y a peu d'années encore, d'entendre des personnes d'un âge mûr déclarer que « de leur temps » on

ne connaissait pas la fièvre typhoïde, ni l'ataxie
musculaire progressive. D'autres, et non certes
des plus dépourvues de notions scientifiques,
s'étonnent d'entendre parler de « maladie bron-
zée (1) » ou de « paralysie diphtérique, » et de-
mandent si ce ne sont pas là des maladies autrefois inconnues.

A ces questions, ou aux réflexions qui en tiennent lieu, quelques médecins plus soucieûx,
semblerait-il, de parler vite que de parler juste,
s'empressent de répondre que les mots seuls,
non les choses, ont changé : que la fièvre·
typhoïde, par exemple, s'appelait anciennement
fièvre putride, maligne, ataxique ou adynamique;
que l'atrophie musculaire progressive était la
paralysie essentielle, et ainsi du reste.

Quelques autres plus circonspects répondent,
en pareille occurrence, que certaines maladies
ne paraissent aujourd'hui nouvelles que parce
que leurs phénomènes spéciaux, mieux observés
et plus exactement décrits, ont permis de les

---

(1) Ou maladie d'Addisson, du nom de celui qui l'a le premier
décrite.

séparer d'autres affections anciennes avec lesquelles certains symptômes communs aux unes
et aux autres les faisaient confondre, mais que
ces entités morbides prétendues nouvelles existaient de tout temps.

Enfin, il est des érudits qui découvrent dans
les descriptions des écrivains anciens, dans quelque texte historique ou dans certaines narra-
tions poétiques, la parenté, et mieux encore,
l'exacte similitude unissant, suivant eux, des
maladies réputées nouvelles avec d'autres qui
ont sévi aux différents âges du monde sur des
populations entières, ou bien avec celles qui ont
frappé certains personnages célèbres de diverses époques.

Certes, les organes de l'homme étant aujour-
d'hui anatomiquement constitués comme ils
l'étaient à l'origine de l'espèce [1], et toute maladie ou toute rupture de l'équilibre fonctionnel

(1) Il y aurait peut-être quelques réserves à faire au sujet de certaines formes extérieures. Dans l'homme primitif, par exemple, le
derme et ses productions, le système musculaire ainsi que certaines
éminences osseuses considérés dans leur volume, pouvaient différer
quelque peu de ce que nous observons à ces divers égards aujourd'hui.

correspondant à une atteinte plus ou moins profonde portée à l'intégrité de ces mêmes organes,
on peut dire qu'il n'est pas de lésions parmi
celles qui nous étonnent le plus par certains
caractères insolites, qui n'aient pu affecter autrefois de la même manière les parties identiques de l'organisme humain.

S'ensuit-il cependant que les maladies envisagées comme causes de souffrance et de destruction, occupent de nos jours les mêmes organes
que ceux qu'elles ont occupé de tout temps ? En
d'autres termes , l'homme souffre-t-il de la
même manière, meurt-il par les mêmes parties,
nous ne dirons pas qu'aux premiers siècles qui
ont suivi son apparition sur la terre (toute
recherche nous étant interdite à cet égard [1],

(1) S'il était permis de hasarder quelque conjecture à ce sujet, on
pourrait supposer que l'homme primitif succombait toujours à des
causes de mort violente : dévoré parfois par les grands carnassiers
dont il était entouré, d'autres fois par l'homme lui-même, ou encore,
victime des grandes convulsions de la nature, alors infiniment plus
fréquentes, sans doute, que de nos jours, et dont il n'avait que peu de
moyens de se garantir. Les restes fossiles humains que l'on pourra
peut-être rencontrer plus tard en assez grand nombre, apprendront
sans doute ce qu'il y a de fondé dans ces conjectures.

mais qu'au moyen âge ou aux différentes époques de l'antiquité ? Un examen comparé des symptômes de toutes les maladies observées de siècle en siècle, pourrait seul nous édifier sur ces points. Mais sans parler du travail immense qu'exigerait une pareille étude, où trouver les matériaux nécessaires pour le mener à bonne fin?

A part, en effet, quelques points supérieurement traités par un petit nombre d'observateurs, Hippocrate et Celse, entre autres, et relatifs à des faits directement étudiés par eux, l'histoire des maladies dans les écrivains qui ont précédé l'âge moderne est, le plus souvent, défigurée par des relations incohérentes de phénomènes bizarres. Comment, dès lors, rapprocher utilement de ces relations les descriptions symptômatiques auxquelles les nosagraphes de nos jours affectent de donner une sorte de précision mathématique analogue à celle qui est de rigueur dans les sciences exactes ? Cependant, si, à défaut de nosographies précises, on se sert des données que fournissent sur le sujet, d'une part, ce que nous savons de la thérapeutique de toutes

les époques et, d'autre part, les textes histori-
ques et même l'épigraphie (1) propres à chacun
des âges précédents, on arrive à se faire une
idée, au moins générale, de ce qu'étaient avant
nous les maladies.

On voit ainsi que chez les Romains, par exemple, les lésions des organes digestifs et du système circulatoire, conséquences probables d'une
hygiène qui, dans quelques-unes de ses parties,
nous paraît monstrueuse, ont particulièrement
dominé. Au contraire, les affections du système
nerveux ont été, chez eux, relativement rares,
bien que tous les citoyens, sans distinction de
classe, fussent soumis à de nombreuses com-
motions politiques, et que tous aient dû éprou-
ver, surtout à partir du dernier siècle de la
République, toutes les agitations émotives que

(1) Il y a des renseignements très curieux à tirer pour le sujet qui
nous occupe des inscriptions funéraires recueillies par l'épigraphie en
divers lieux. Ainsi, pour en citer un exemple, il résulte de 94 épitaphes
relevées par M. le docteur Bertherand, d'Alger, que la vie moyenne chez
les Africains de souche romaine, était de 44 ans, tandis qu'elle n'est
que de 34 aujourd'hui dans la même contrée. On comprend, toutefois,
qu'il convient de n'accueillir qu'avec beaucoup de réserve, la conclusion tirée ici par M. Bertherand.

peuvent engendrer une extrême civilisation,
l'une des plus raffinées qu'il y ait eues, et des
révolutions réitérées comme celles dont ils furent les acteurs ou les témoins.

Les maladies paraissent avoir eu chez les
Grecs, un caractère bien marqué de ressemblance avec celles dont souffrirent généralement
les Romains. Néanmoins, par suite, sans doute,
d'observations mieux faites et de descriptions
plus précises, double fruit d'une science médicale extrêmement avancée; le cadre nosologique
propre à la Grèce, semble contenir un plus grand
nombre d'entités morbides que celui qui est
propre à l'Italie romaine [1]. Il ne faudrait pas,
toutefois, tirer de ce dernier fait une conclusion
trop absolue : une contemporanéité prolongée
d'existence, d'une part, et, de l'autre, une civilisation et un climat sensiblement analogues,

(1) Nous ne voulons parler ici que de ce qui, dans les écrits des
médecins des deux nations, paraît plus spécial à l'une ou à l'autre de
celles-ci ; car les nosographes latins semblent s'être non seulement ins-
piré à peu près exclusivement des Grecs dans leurs descriptions, mais
encore les avoir suivis, pour ainsi dire, pas à pas, et les avoir copiés
tout en surchargeant leurs descriptions.

ayant dû produire, chez les peuples des deux contrées, des effets généralement semblables.

Chez les Juifs, les lésions du système sanguin, comme semblent le démontrer ces personnages subitement frappés de mort dans les temples ou sur les places publiques, l'épilepsie primitive ou consécutive, les affections étendues de la peau, comme la lèpre et, peut-être, la pellagre, si l'on tient compte des cas assez nombreux de folie que relatent les Ecritures, paraissent avoir été particulièrement communes. Si on y joint les différentes formes de manie, dues probablement à un état politique et social combiné en vue de réagir constamment contre les tendances d'une race instinctivement matérialiste, on aura une idée générale des causes de souffrance et de mort auxquelles furent soumis les Juifs et quelques-uns des peuples d'origine sémitique qui les entouraient.

Des fièvres de diverse nature, des affections rapides ou durables, mais presque toujours graves des voies digestives, des hémorrhagies de provenance variée, de profondes et tenaces maladies de la peau, telles sont, si l'on s'en rapporte aux hymnes médicales du Rig-Véda [1], les maladies dominantes qui furent observées chez les différents peuples de l'antiquité indoue.

On sait, d'après les témoignages de plusieurs historiens grecs, que les anciens Egyptiens avaient un corps de doctrines médicales très étendu. Ils possédaient, entre autres, en effet, un traité de thérapeutique offrant un caractère rigoureusement légal, c'est-à-dire, duquel il était interdit de s'écarter dans le traitement des maladies [2]; enfin, on a retrouvé dans quelques sépultures et dans les réduits de certains temples, des ustensiles pharmaceutiques et, notamment, des vases servant, comme on l'a pu constater ensuite d'après des représentations hiéroglyfiques, à la préparation des collyres. Mais, des maladies spéciales à l'ancienne Egypte, on ne sait à peu près rien.

Le peu de documents que l'on possède à cet

(1) Histoire de la médecine par M. Daremberg.

(2) Ce traité, d'après M. Champollion-Figeac, était intitulé « Ambrès. »

égard, pourrait seulement porter à penser que
des fièvres de caractère incertain, des ophtal-
mies semblables, sans doute, à celles que l'on observe si communément encore aujourd'hui dans
la même contrée, que de profondes altérations de
la peau, ont été au nombre des entités morbides
les plus répandues parmi les anciens Egyptiens.

Une civilisation offrant plus d'un trait de similitude avec celle des Indous, un centre d'habita-
tion qui, dans ses limites restreintes, rappelle la
configuration des vallées du Gange et de l'Indus,
ainsi que celle des plateaux qui s'étendent au
pied de l'Hymalaya, une ressemblance générale
des formes du corps entre les deux peuples
attestée, au besoin, par les peintures et les
sculptures hiéroglyphiques et brahmaniques (1),
pourraient conduire à conclure à l'identité des
maladies entre les Egyptiens et les Indous, s'il

_____

(1) Nous devons rappeler qu'une doctrine issue des études de Lin-
guistique, tient les deux races comme sortant d'une même souche et,
par conséquent, un peu parentes. D'après les savants qui se sont
occupés de ces questions, les Egyptiens ou Couschites, les Arabes et les
Juifs ou Sémites, les Indous ou Aryâs, seraient trois rameaux d'un
même tronc primitif.

6

n'était trop téméraire de vouloir s'appuyer en pareille matière sur la seule analogie [1].

Il n'y a dans tout ce qui précède qu'une esquisse générale et, si l'on veut, bien imparfaite de ce qui a pu exister dans les temps anciens; mais parvint-on à faire une énumération complète de toutes les entités morbides dont l'histoire ou la simple tradition est parvenue jusqu'à nous, que l'on ne trouverait pas dans celles-ci, plus que dans celles que nous venons de rappeler, un type étranger à ce qu'il nous est donné d'observer encore à l'heure qu'il est parmi nous. Seulement, certaines d'entre elles, favorisées plus particulièrement par les conditions politiques et sociales, ainsi que par les habitudes hygiéniques propres à chaque époque et à chaque contrée, se développaient avec une intensité proportionnelle à la puissance de ces causes et

_____

(1) Au point de vue de la transmission des habitudes morbides, il eût été intéressant de connaître quelle influence avaient sur la production, la marche, la durée et l'intensité des maladies, les coutumes séculaires de générations rigoureusement cantonnées depuis un temps immémorial dans des catégories sociales très distinctes les unes des autres par les idées et les faits.

entraient alors pour une plus forte part que de nos jours, dans les occasions de souffrance et de mort de l'espèce humaine.

Mais les maladies que l'on pourrait ainsi rassembler, quel qu'en dût être le nombre, ne comprendraient encore qu'une partie de celles que nous connaissons aujourd'hui; car aux affections du passé qui sont toutes restées nôtres, nous joignons celles résultant pour nous de conditions qui nous sont propres. Il faut, en effet, le reconnaître : il est de nos jours certaines maladies dont rien dans les documents que nous ont légués les âges précédents, ne nous donne l'exacte idée.

Nous laisserons de côté quelques affections dont on a prétendu, depuis peu, faire des espèces nouvelles. Telles sont, entre autres, celles qui atteindraient les chauffeurs et les mécaniciens de chemins de fer, ou celles qui, sous les noms d'*anthracose* et de *sidérose,* seraient propres aux ouvriers travaillant dans les mines de charbon ou dans les usines où le fer est partout répandu en parcelles impalpables. Telles seraient

encore ces méningites de forme spéciale attribuées par quelques observateurs à la lente décomposition de la fonte constituant les appareils
si universellement employés aujourd'hui à tous
les usages domestiques. Outre que de nombreuses séries d'observations sont encore nécessaires
pour établir nettement, quant aux dernières,
surtout, qu'il y a entre la cause présumée et
l'effet constaté une relation inévitable et partant
certaine, nous croyons, en effet, que les affections consécutives à une nature de travail inconnue au passé, n'offrent aucun phénomène
que n'aient produit certainement autrefois des
causes sinon identiques, au moins analogues.

Nous écarterons également certaines maladies
engendrées par l'abus des substances alcooli-
ques, de l'absinthe et du tabac, bien que ces
produits soient d'origine ou d'emploi tout moderne; l'alcoolisme s'étant manifesté dès la plus
haute antiquité, et l'opium et le hachisch, d'un
usage immémorial dans quelques contrées de
l'Orient, ayant déterminé de tout temps, sur le
système nerveux, des effets dépressifs tout sem-

blables à ceux que nous observons de nos jours
à la suite de l'usage immodéré des substances
que nous venons d'indiquer [1].

Enfin, il ne peut être non plus question ici
des maladies épidémiques comme celles qui, à
diverses reprises, s'abattirent sous des formes
plus ou moins étranges sur une partie de la population du globe et la décimèrent. Ce sont bien
là, il est vrai, des maladies nouvelles dans
l'exact sens où nous les entendons ; mais tout
en influant profondément sur les individus, elles
diffèrent de celles dont nous nous occupons
comme telles, par ce point, qu'elles n'eurent
jamais d'action sur l'espèce. Engendrées, suivant
l'opinion commune, par des circonstances tour
à tour qualifiées « de telluriques, de cosmi-
ques et d'atmosphériques, » agissant seules ou
réunies, ou bien encore dues à des causes mias-

---

[1] Le népenthès dont parle Homère ; les plantes enivrantes dont il
paraît que les anciens Mexicains, dans certains cas, faisaient usage ; les
boissons fermentées (bières de diverse nature), à l'aide desquelles quelques initiés parmi les Germains ou les Scandinaves, se procuraient des
visions et une sorte de fureur sacrée, devaient, à la longue, produire
des troubles nerveux comme ceux que nous connaissons.

matiques, elles peuvent, quelle que soit l'opinion à laquelle on s'arrête, servir seulement à
montrer par un grand exemple l'influence exercée sur les êtres vivants par les modifications
du milieu physique, mais elles n'ont pas à figurer parmi ces maladies qui, se fixant dans l'espèce même, contribuent à son extinction.

Les affections offrant ce dernier caractère et
dont nous voulons parler comme étant nouvelles, c'est-à-dire, dues à des causes d'origine
récente, seraient surtout celles que nous avons
précédemment données comme résultant de lésions variées des centres nerveux; rien de ce
qui a été observé par l'antiquité ou par le Moyen
âge, ne rappelant, ainsi que nous l'avons dit, les
phénomènes par lesquels ces maladies se tra-
duisent à nos yeux.

Il faut bien l'avouer, toutefois, cette dernière
raison ne constitue qu'une présomption et ne
peut, dans un tel problème, être considérée
comme le résolvant. Il ne suffit pas, en effet,
pour établir qu'une maladie est nouvelle, de
montrer que rien de ce que nous savons du

passé sur le même sujet, ne s'applique à ce que
nous voyons aujourd'hui, puisque l'on pourrait
toujours objecter que l'absence de méthodes
précises et le défaut de suffisants moyens d'in-
vestigation, ont seuls empêché nos devanciers
de reconnaître ces maladies et de transmettre
scientifiquement la description des symptômes,
parfois délicats, qui caractérisent quelques-unes
d'entre elles. Il faut donc renoncer à tout jamais
à résoudre la question, à moins que l'on ne par-
vienne à trouver un *criterium* à l'aide duquel on
puisse enfin décider.

Ce *criterium,* il existe et nous le possédons :
il consiste dans l'apparition de conditions nouvelles n'ayant aucune analogie avec les anciennes et de nature, d'ailleurs, à troubler l'équilibre
fonctionnel humain. Si l'on admet, en effet, que
des conditions de cet ordre se sont depuis peu
développées, on devra logiquement inférer de là
que les effets qui en sont la conséquence, sont
nouveaux comme leur cause. Or, tel est le caractère étiologique des maladies nerveuses dont
nous avons dit quelques mots dans le mémoire
précédent.

II

Mais en dehors des affections résultant de l'influence exercée par l'espèce humaine sur elle-même, en existe-t-il de nos jours que, rattachant aux modifications de milieux que nous avons eu occasion de signaler, on puisse, par suite, qualifier également de nouvelles ? Il serait prématuré, peut-être, de l'affirmer pour l'homme. Il est vrai, celui-ci est, comme nous l'avons vu, assujetti à un plus grand nombre de troubles organiques et fonctionnels qu'aucune autre espèce, mais il est non moins vrai aussi, que son organisme plus souple que nul autre, lui permet de se plier momentanément à des conditions qui semblent parfois extrêmes, si on les compare aux conditions originelles qui l'entouraient d'abord, et de lutter pendant quelque temps avec avantage contre des causes de trouble qui seraient plus rapidement fatales à d'autres êtres [1]. Ainsi s'expliquerait l'apparente immunité conservée jusqu'ici par l'homme en présence de modifications qui, au contraire, traduiraient déjà par de pernicieux effets leur influence sur quelques autres espèces. C'est donc sur celles-ci et non sur l'homme lui-même, que l'on parviendra à surprendre d'abord les traces de cette influence.

Le piétin du blé [2], l'oïdium Tuckeri de la vigne, le botrytis de la pomme de terre [3], la muscardine, la pébrine et les morts-flats des vers à soie, entre autres qui, suivant certains observateurs, sont de date récente [4], ne pourraient-ils

---

(1) Telle est la raison pour laquelle l'homme vit et s'acclimate (dans la mesure et sous les réserves que nous avons eu occasion d'indiquer) dans des milieux où les animaux et les végétaux qu'il transporte avec lui et qu'il entoure pourtant de ses soins, languissent, dégénèrent et succombent.

(2) Observé pour la première fois en 1851.

(3) Observé pour la première fois en 1821.

(4) Relativement aux maladies des vers à soie, il est juste de rappeler qu'une épizootie de nature indéterminée, sévit en Chine de 1720 à 1740. M. Duchesne, de Bellecourt, en mentionnant ce fait, ajoute que la maladie, qui fut violente, fut attribuée par les historiens chinois à la colère céleste. Dans tous les cas, cette épizootie dont ne souffrirent aucun des autres pays adonnés alors à la sériciculture, n'eut pas le ca-

être considérés comme des exemples d'affections nouvelles succédant à des conditions également nouvelles pour les espèces qui y sont soumises? Il n'est pas douteux, en effet, pour deux d'entre elles, que si des maladies quelconques de la vigne ou du blé avaient sévi en quelque temps que ce soit de l'antiquité, les écrivains de cette époque, si soigneux à enregistrer tout ce qui intéressait l'alimentation publique, n'eussent pas manqué de les mentionner comme ils faisaient des épidémies et des épizooties.

Ce ne sont là, d'ailleurs, parmi les faits de cet ordre, qu'une partie ce ceux que l'on pourrait citer, car bien d'autres altérations plus ou moins profondes ont envahi bon nombre des espèces animales et végétales que l'homme avait, comme les précédentes, appropriées à son usage, et qui s'étaient longtemps offertes à lui avec tous les caractères d'une existence normale (1). Et cepen-

ractère de généralité offert par les maladies dont nous venons de parler, et desquelles le Japon seul, jusqu'ici, a été préservé.

(1) Telles, par exemple, que les maladies de la betterave et de quelques plantes alimentaires de la famille des légumineuses, et que les maladies parasitaires de quelques animaux domestiques.

dant, ni les soins pour les entretenir toutes dans leur état d'intégrité primitive , ni les études poursuivies pour les améliorer, au besoin, n'ont, en aucun temps, fait défaut. La connaissance des conditions qui leur sont le plus favorables a également fait de notables progrès , et les recherches de la science ont révélé quelques-unes des lois qui leur sont propres. C'est ainsi que l'on est arrivé à trouver que la soustraction de certains sels faite au sol par les espèces, était la cause de quelques maladies végétales, et que des expériences rationnellement instituées, paraissent avoir établi qu'on peut les faire disparaître en restituant au milieu inorganique ce qui lui avait été enlevé par de nombreuses générations de la même plante [1]. Toutefois, les résultats obtenus n'ont eu jusqu'ici, au point de vue de la préservation absolue des espèces, rien de bien décisif. On a, par là même, incidemment montré une fois de plus l'influence des espèces sur leurs milieux et , réciproquement , des milieux sur les espèces; mais, relativement à ce

[1] Voir à ce sujet les travaux de M. G. Ville.

que l'on cherchait, il semble que l'on ait, la plupart du temps, modifié un état local et limité à
une partie de l'organisme, plutôt que paré aux
effets généraux d'une grande rupture de l'équilibre fonctionnel, qui serait pour les espèces
atteintes le point de départ d'altérations variées.

Si l'on remarque, en effet, que celles-ci com-
battues, en apparence, avec succès sur un point
de l'organisme malade, ont, plus d'une fois,
sous une forme nouvelle, reparu sur un autre,
cela donnera lieu de penser qu'une cause plus
générale que celle à laquelle on les avait ratta-
chées, préside à leur production.

SIXIÈME MÉMOIRE

SUR LA MESURE DANS LAQUELLE LES ESPÈCES PEUVENT RÉAGIR CONTRE LES INFLUENCES AUXQUELLES ELLES SONT SOUMISES. CONSÉQUENCES VARIÉES DE CES INFLUENCES POUR QUELQUES-UNES D'ENTRE ELLES.

Quelque idée que l'on conçoive à l'égard des maladies données comme nouvelles, et lors même que l'on parviendrait à démontrer qu'il n'en est point encore jusqu'ici que l'on puisse qualifier telles, l'apparition de ces maladies, ou tout au moins, la prédominance absolue de certaines entités morbides aujourd'hui formant seulement l'exception parmi les causes d'extinction des espèces, ne serait, en définitive, qu'une affaire de temps. Les causes naturelles de modi-

fication de milieu étant, en effet, perpétuellement en action, il est certain que des troubles
nouveaux se manifesteront infailliblement dans
l'homme aussi bien que dans la plupart des
organismes contemporains de la même formation, lorsque ces causes auront amené des conditions différentes de celles qui étaient primitivement appropriées à la constitution de ces
êtres. Une hygiène perfectionnée ne peut-elle,
cependant, devenir, au moins pour l'homme
ainsi que pour les organismes vivant sous sa
protection immédiate, un préservatif assuré
contre les dangers qui les menacent.

Nous avons vu dans le cours de ce qui précède que la rupture de l'équilibre fonctionnel
dans les espèces, avec les conséquences qu'elle
entraîne, est le résultat de l'influence exercée
par toutes indistinctement, sur les milieux qui
les entourent, et par une au moins sur elle-
même.

Cette dernière sorte d'influence qui tient à
une action préméditée, en vertu de laquelle un
surcroît d'activité imprimé à tout un système

assure à celui-ci la suprématie sur les systèmes voisins, au détriment de l'équilibre général, est par conséquent soumise en dernier ressort à la raison. Cette influence, une hygiène bien entendue peut l'annihiler et, par suite, rétablir l'équilibre qu'elle aurait détruit [1].

Mais il n'en est pas ainsi des troubles engendrés par les modifications de milieux dues aux différentes causes que nous avons énumérées. Ces modifications, dues pour la plupart, comme nous avons eu souvent occasion de le dire, aux conditions mêmes d'existence propres à chaque série distincte d'organismes, sont par suite soustraites à l'empire de la volonté : d'où il suit que l'hygiène, en admettant même qu'elle puisse d'abord en atténuer jusqu'à un certain point la portée, n'en pourra jamais cependant conjurer les derniers effets.

(1) Remarquons, toutefois, à l'égard du développement pris par le système nerveux dans la race humaine, que ce développement qui paraît être le résultat d'une loi inhérente à la nature de l'homme, en vertu de laquelle ce dernier est incessamment entraîné vers l'inconnu, s'effectue, jusqu'à un certain point, en dépit même de sa volonté, déterminant ainsi des conséquences en quelque sorte nécessaires.

Loin donc de voir disparaitre les conséquences de ces modifications, c'est-à-dire, les maladies et les dégénérescences devant une hygiène de mieux en mieux entendue et devant une science médicale devenue positive, et, dès lors, loin de s'éteindre par le fait seul de l'usure de ses organes, comme l'ont avancé quelques philosophes s'abusant sur la nature de l'esprit humain, pour eux, indéfiniment perfectible (1), l'homme, au contraire, pour nous borner en ce point exclusivement à lui, verra probablement s'accroitre plus tard le nombre de ses organopathies ainsi que celui de ses lésions fonctionnelles, et, corrélativement, ses chances de durée diminueront.

Nous ne sommes encore, il est vrai, qu'au seuil des sciences, et nos progrès à travers un domaine que nous entrevoyons si vaste, sont assurés dans la limite assignée à nos facultés. L'accroissement de nos connaissances nous permettra donc, si l'on veut, d'arriver à supprimer définitivement l'élément « douleur; » il pourra

(1) Voir la note D de l'appendice.

nous fournir d'infaillibles moyens de faire avorter les maladies aiguës ou d'abréger notablement leur durée ; il nous mettra à même d'augmenter dans un certain temps et seulement, il est vrai, pendant une courte période, la durée moyenne de la vie, par exemple , en assurant mieux l'existence du nouveau-né; il nous suggèrera les procédés nécessaires pour multiplier passagèrement autour de nous les manifestations de la vie (1); mais ce sera là à peu près tout; car dans cet ordre de faits, le progrès scientifique doit remonter de bonne heure des barrières infranchissables. N'est-il pas évident, en effet, qu'aucun effort du génie humain ne pourra prévaloir contre les grandes causes générales, et qu'il arrivera un moment où celles-ci engendreront des résultats que nulle science n'empêchera de se produire ? Est-il besoin d'ajouter que ce qui est vrai pour l'homme, l'est, à plus forte raison, pour les autres espèces, qui n'ont, pour se défendre, que l'impassibilité organique qu'elles peuvent conserver en présence de ces mêmes causes.

(1) Par la création d'hybrides , par exemple.

7

Toute maladie correspondant à une rupture de l'équilibre fonctionnel, l'idée de leur disparition n'est pas conciliable avec le fait des modifications incessantes qui s'opèrent dans les milieux et qui sont elles-mêmes les principales causes de cette rupture. Il y a, en outre, de fortes raisons de le penser : les maladies entrent dans le plan général de la nature. C'est par elles que les espèces marchent invinciblement de dégénérescences en dégénérescences à la disparition définitive. Elles amènent, en effet, des altérations organiques qui, en abâtardissant de plus en plus les individus, leur enlèvent enfin quelques-uns des attributs caractéristiques de la race et les empêchent ainsi de la perpétuer.

Si, d'ailleurs, cette disparition coïncide avec la fin des périodes géologiques, c'est qu'à ce moment, les modifications de milieu qui ont déterminé les ruptures d'équilibre, après avoir insensiblement progressé jusque-là, ont atteint leur maximum de développement ; en un mot, que les conditions générales d'existence ont alors complètement changé.

Il n'est pas déraisonnable de penser, en outre,
que les maladies sont également pour certaines
espèces (de celles, il est vrai, qui figurent
parmi les moins parfaites) des agents de transformation et, par suite, de transition entre quelques genres d'un même ordre et, peut-être,
entre quelques ordres d'une même classe. En
rompant l'équilibre organique des êtres par
l'atrophie ou par l'hypertrophie [1] de certains de
leurs organes, elles disposent ceux de ces êtres
qui, parmi leurs contemporains géologiques,
sont le moins sensibles à ces modifications,
parce que leurs organes, moins parfaitement
connexes entre eux, supportent de plus grands
écarts hors de la normale; elles les disposent,
disons-nous, à prendre des formes que l'on
appellerait tératologique, si on les comparait
aux formes primitives des individus-types, mais
qui ne sont, en définitive, que des formes de
transition. Celles-ci, à leur tour, favorisées par
la continuité et l'intensité croissante des actions

[1] En tératologie, arrêt ou excès de développement, lorsqu'on
observe l'un ou l'autre sur de jeunes produits.

qui les ont fait naître, se perpétuent dans des séries d'individus formant bientôt des espèces qui rappellent d'une manière générale celles d'où elles dérivent elles-mêmes, tout en en différant par certains détails organiques spéciaux, lesquels, précisément, leur permettent de vivre et de se développer dans le nouveau milieu qui les entoure (1).

Ces considérations permettent de se rendre compte de ce que l'on observe lorsque l'on embrasse d'une vue générale la faune et la flore des différentes formations qui se sont succédé jusqu'à nous, c'est-à-dire, de la disparition ab-

(1) Le principe de la fixité des espèces en vertu duquel les animaux ou les végétaux, modifiés comme individus, ne transmettraient qu'à une ou à deux générations, au plus, leurs formes nouvelles, lesquelles disparaîtraient pour faire place aux formes primitives, lorsque les conditions artificielles de modification ont cessé d'agir : ce principe ne saurait être invoqué ici pour combattre l'idée de transformations s'opérant dans certains êtres.

En effet, les individus modifiés artificiellement n'ont pas, dans les exemples que l'on pourrait citer, cessé de vivre au milieu des conditions générales en vue desquelles leurs ascendants avaient été formés, ces conditions ne se modifiant pas d'une manière appréciable en quelques années, tandis que les conditions dans lesquelles vivent et se perpétuent les êtres transformés dont nous parlons, sont radicalement différentes de celles où avaient vécu leurs premiers ancêtres.

solue de certaines espèces, du caractère, en
quelque sorte, intermédiaire offert par certaines
autres et, enfin, de la propagation de quelques-
unes à travers des périodes géologiques essen-
tiellement différentes les unes des autres.

On voit, en effet, dans chacune d'elles, des
êtres qu'on ne rencontre dans aucune autre et
qui constituent ainsi la caractéristique essentielle de la création où on les observe. Ces êtres,
vraisemblablement les plus parfaits de leur époque (1), en ce sens que leurs organes sont plus
parfaitement adaptés que ceux de nul autre de
leurs contemporains aux circonstances qui les

---

(1) Si l'on a demandé à la classe des crustacés isopodes et à celle
des mollusques céphalopodes, la caractéristique des grandes époques
primaire, secondaire et tertiaire, ce n'est pas parce que les trilobites,
les ammonites et les nummulites étaient les êtres les plus parfaits de
ces époques, mais bien parce qu'ils sont les plus nombreux de ceux que
l'on rencontre dans les terrains du même nom et, aussi, parce que leur
structure extérieure était telle qu'elle pouvait laisser des empreintes et
des débris plus durables que ceux d'aucun autre organisme.

On aurait pu demander à des êtres différents, des caractéristiques
analogues et même plus fidèles et les découvertes paléontologiques per-
permettront, peut-être, d'en trouver plus tard qui représentent plus
exactement, que les premiers choisis, les conditions générales de la vie
durant chaque époque et même chaque formation géologique.

environnent et le mieux en rapport avec les conditions de milieu dans lesquelles ils se trouvent, disparaissent aussitôt que ces conditions, après s'être modifiées, sont remplacées par de nouvelles.

Puis, à côté de ces êtres, il s'en trouve d'autres qui participent à la fois de la nature des espèces dont ils sont les contemporains, et de celle des espèces propres aux époques précédentes.

Tels, par exemple, dans le règne animal, les marsupiaux présentant quelques-uns des caractères des mammifères et rappelant en même temps les reptiles, tant par l'état d'imperfection ,de leur encéphale que par leur mode de gestation et de parturition, qui fait d'eux de véritables ovo-vivipares [1].

Telles aussi, dans le règne végétal, les coni-

(1) Nous ne voulons pas dire que tous les reptiles sont ovo-vivipares, puisqu'il n'y a, en effet, dans les diverses espèces de cette grande classe, qu'un très petit nombre d'entre elles qui le soient. Sous ce rapport particulier, les marsupiaux se rapprocheraient peut-être des batracho-sauriens qu'on a, dans ces derniers temps, séparé des reptiles proprement dits pour en faire une classe à part.

fères et les cycadées, offrant dans quelques-unes de leurs parties de grands traits de ressemblance avec certains cryptogames vasculaires, constituant presque toute la flore houillère et montrant dans d'autres les attributs caractéristiques des phanérogames dicotylédones.

Enfin, on observe dans toutes les époques, certaines espèces dont les formes ont généralement peu varié, bien que pour les traverser toutes impunément, leur organisation intime ait dû subir une accommodation corrélative aux conditions qui étaient spéciales à ces époques [1].

(1) La connaissance de l'organisation intérieure des anciennes espèces paléontologiques échappe presque toujours aux recherches les mieux dirigées, aussi bien qu'aux déductions les plus ingénieuses. On croit savoir cependant, entre autres faits de ce genre, que les trilobites qui sont représentés de nos jours par certains crustacés isopodes, étaient pourvus d'appendices natatoires de texture membraneuse.

Il n'est pas inutile d'ajouter, à propos de ce que nous venons de dire de la ressemblance des formes extérieures coïncidant avec une différence dans les dispositions intérieures, suivant que l'on compare entre eux des individus de la même espèce, mais appartenant à des formations différentes, que les naturalistes et les géologues ont fait remarquer que les coraux des terrains houillers et des calcaires sous-jacents à ces terrains ou alternant avec eux et qui sont d'apparence semblable aux coraux actuels, offrent dans leurs lamelles une disposition constamment *quadripartite*, tandis que cette disposition est toujours *tri* ou *sexti-*

C'est ainsi que la famille des *lépidoïdes* [1] dont on retrouve des spécimens enfouis sous les formations jurassiques dans l'ancien terrain houiller, a transmis des espèces représentatives jusqu'à nos jours dans le *bichir* du Sénégal et du Nil, ainsi que dans le *lepidosteus* de l'embouchure de l'Ohio, que les *crinoïdes* si abondants dans les mers liasiques [2] ont laissé un représentant de dimension réduite dans le *pentacrinus caput medusæ* actuellement vivant dans la mer des Antilles, où il est, d'ailleurs, infiniment rare. C'est ainsi, encore, que dans la classe des végétaux, celle où la chaîne des êtres a été le moins interrompue, parce que ceux qui la composent sont le moins accessibles de tous à l'influence des causes générales, quelques espèces continuent de nos jours, bien que sous des formes

---

partite, dans les coraux des époques postérieures. (MM. Milne-Edwards et Haime.)

(1) Ordre des *ganoïdes*. — Agassiz.

(2) L'*extracrinus* et le *pentacrinus*, entre autres.

extrêmement diminuées, il est vrai, les espèces
analogues de la flore primitive (1).

(1) M. A. Brougniart, dans son beau mémoire présenté à l'Académie
des sciences le 11 septembre 1837, s'exprime ainsi à ce sujet : « Les
« lépidodendrons dont les espèces nombreuses devaient essentielle-
« ment composer les forêts de cette époque reculée, et qui ont proba-
« blement contribué plus que tous les autres végétaux à la formation de
« la houille, diffèrent peu de nos lycopodes . . . .
« . . . .
« . . . .
« Mais tandis que nos lycopodes actuels sont de petites plantes le plus
« souvent rampantes et semblables à de grandes mousses atteignant très
« rarement un mètre de haut et couvertes de très petites feuilles, les
« lépidodendrons, tout en conservant la même forme et le même aspect,
« s'élevaient jusqu'à 20 à 25 mètres, avaient à leur base près d'un
« mètre de diamètre et portaient des feuilles qui atteignaient parfois un
« demi-mètre de long : c'étaient, par conséquent, des lycopodes arbo-
« rescents comparables par leur taille aux plus grands sapins dont ils
« jouaient le rôle dans ce monde primitif, formant, comme eux, d'im-
« menses forêts à l'ombre desquelles se développaient les fougères, si
« nombreuses alors. »

SEPTIÈME MÉMOIRE

EXAMEN COMPARÉ DES DEUX CAUSES AUXQUELLES PEUT ÊTRE ATTRIBUÉE L'EXTINCTION DES ESPÈCES.

Aussi bien que les cataclysmes qui ont chaque fois séparé les unes des autres les périodes géologiques, les ruptures d'équilibre fonctionnel dues aux diverses causes indiquées par nous, rendent compte de l'extinction des espèces.

Mieux qu'eux, ou plutôt exclusivement à eux, elles expliquent, ainsi que nous venons de le voir, les modifications qui, s'opérant dans certains organismes, les ont perpétués à travers les différents âges du globe jusqu'à nous avec quelques-uns, au moins, des caractères de leurs ancêtres paléontologiques.

La nature et la disposition même des roches l'indiquent : il y a eu des cataclysmes. Mais ceux-ci qui ont successivement couvert toutes les régions de notre planète, qui sont revenus sur chacune d'elles à plusieurs reprises, achevant d'y détruire chaque fois les êtres vivant encore acclimatés au milieu alors existant, ces cataclysmes, quelque considérable qu'ait été leur étendue, n'ont été que partiels.

L'hypothèse de cataclysmes anéantissant à la fois tous les organismes sur la terre, est en contradiction flagrante avec la succession ménagée que l'on observe entre les êtres depuis les plus anciens jusqu'à ceux qui sont contemporains de l'homme. De tels cataclysmes n'auraient laissé place à aucune transition, et les organismes d'une même époque géologique auraient pu différer complètement par la forme, au moins, de ceux de l'époque qui aurait précédé la leur ou qui l'aurait suivie; ou bien encore, ils auraient pu leur ressembler absolument [1]. Or, nous

(1) La forme des espèces est généralement en rapport avec le milieu dans lequel elles sont destinées à vivre, de sorte que si ce milieu

savons qu'il n'en est pas ainsi et que les diverses périodes qui se sont succédé depuis l'origine des choses jusqu'à nous, ont offert des manifestations organiques, à la vérité, de plus en plus parfaites [1], mais ne laissant pas, toutefois, que de rappeler par quelques traits celles qui les avaient immédiatement précédées.

Partiels, comme les découvertes paléontologiques démontrent surabondamment qu'ils l'ont été, les cataclysmes ne peuvent rendre raison de l'extinction des espèces et encore moins des différences organiques qui marquent d'un cachet spécial celles qui caractérisent les diverses époques. Assez d'êtres, en effet, placés sur les limites dans lesquelles ils se produisent, peuvent échapper à ces cataclysmes et trouver, dès lors, sous des latitudes similaires les conditions nécessaires à l'entretien de leur existence pour continuer à perpétuer leurs espèces. Mais en admettant même qu'aucun être de la région en-

change graduellement, les formes organiques changent graduellement avec lui.

(1) Voir la note E de l'appendice.

gloutie n'ait pu se soustraire au naufrage général, n'y a-t-il pas dans les régions plus ou moins voisines épargnées par le cataclysme, des organismes identiques aux organismes anéantis [1] ?

Que l'on suppose, par exemple, l'Amérique tout entière subissant un de ces affaissements que la géologie nous montre comme s'opérant parfois et s'abimant à la manière de cette mystérieuse Atlantide si souvent discutée, n'est-il pas évident que l'on retrouverait ailleurs des mammifères, des oiseaux, des reptiles, des insectes et des végétaux présentant des manifestations vitales absolument semblables à celle des êtres correspondants du continent disparu ?

C'est qu'en effet, les cataclysmes n'ont rien du caractère des causes générales dont le trait distinctif est d'influer à longue échéance sur les conditions de la vie. Ils rompent, il est vrai, l'équilibre organique auquel contribuait tout ce qu'ils détruisent, et, par-là même, on doit les ranger à côté de ces forces naturelles dont nous avons parlé comme amenant, conjointement

(1) Voir la note F de l'appendice.

avec les actions organiques, la modification des
milieux : mais considérés en eux-mêmes, ils
n'ont de prise que sur les individus ; sur les
espèces, ils ne peuvent absolument rien [1].

Au contraire, si l'on admet que des conditions
différentes se succèdent sans cesse [2], favorisant
chacune autant de modes particuliers d'existence, mais, en même temps, déterminant par
le fait de leur disparition la rupture de l'équilibre caractérisant chacun de ces modes, on aura
une explication plus satisfaisante de l'extinction
des espèces.

[1] Dans son ingénieuse théorie cosmogonique, Ampère explique ainsi
comment les cataclysmes ont indirectement amené l'extinction des espèces.

« A chaque grand cataclysme, la température de la surface du globe
s'élevant considérablement, toute organisation devenait impossible, jusqu'à ce qu'elle se fût abaissée de nouveau. C'est en raison de ce fait que
nous voyons à des couches qui renferment d'anciens végétaux et
même les premiers animaux, succéder d'autres couches où il n'y a plus
de débris de corps organisés. »

Les progrès de la géologie et les découvertes paléontologiques, en
mettant au jour de nouveaux faits, sont loin de confirmer l'hypothèse
émise ici par Ampère.

[2] Cette opinion de la permanence d'action des causes générales, est
celle de la majorité des géologues, tant en ce qui concerne les changements dont le sol est incessamment le théâtre, qu'en ce qui touche les

En ce qui concerne l'homme, qu'il est légitime d'avoir ici plus particulièrement en vue, il n'y a, ainsi que nous croyons l'avoir montré, aucune raison scientifique autorisant à penser qu'il doive échapper aux lois générales qui régissent les êtres vivants.

On peut très naturellement admettre qu'il est le produit supérieur, « la caractéristique » de la création à laquelle il appartient, comme dans chacune des formations précédentes, il y a eu parmi les êtres organisés, des espèces plus parfaites que les autres qui étaient, par-là même, « la caractéristique » de leur création respective.

autres conditions inhérentes à l'existence du globe. Voici en quels termes l'un des plus autorisés, sir Lyell, émet la sienne sur ce point.

« Parfaitement convaincu que l'homme n'aurait pu détruire ces minimes quadrupèdes (il s'agit de mammifères de la taille du mulot dont les restes fossiles sont associés à ceux du mammouth), surtout dans un pays aussi mal peuplé que le Brésil, nous sommes en droit de conclure que toutes les espèces petites et grandes ont été anéanties les unes après les autres, dans la suite infinie des temps, par ces changements dont les mondes organique et inorganique sont encore aujourd'hui le théâtre, et qui sont bien propres à modifier dans le cours des siècles, la géographie physique, le climat et toutes les autres conditions dont dépend sur la terre la continuité de tout être vivant. »

(*Eléments de géologie, traduction française, t. 1er, p. 207.*)

On peut également admettre que la création
actuelle est elle-même supérieure par la multiplicité et par la variété des formes à toutes
celles qui l'ont précédée : elle n'en reste pas
moins, comme elles, une simple formation géologique au-dessus de laquelle d'autres formations géologiques se superposeront à leur tour.
Dès lors, l'homme doit disparaître enfoui avec
tous les êtres de la présente période sous la formation qui se prépare, absolument comme ont
disparu les espèces contemporaines des créations antérieures.

Se révolter à l'idée d'une pareille loi et révo-
quer en doute son existence, serait se mettre
en formelle contradiction avec l'expérience et les
faits. Prétendre, en se fondant sur ce qu'on
appelle sa perfection, que l'homme est une créature trop noble pour subir la loi commune, et
que celle-ci, bonne peut-être pour des espèces
et des époques moins parfaites, cesserait de
fonctionner à partir de la période actuelle, serait
vraiment peu philosophique. Autant vaudrait
soutenir que notre globe, après avoir, comme

tous les corps semblables à lui, pris naissance et
s'être progressivement développé (double fait
impliquant nécessairement le déclin, puis la
dissolution), échapperait à la loi universelle
et, seul de tous ceux dont il est l'analogue,
resterait éternellement dans l'état où nous le
voyons [1].

Tout au plus est-il permis de penser, en s'é-
tayant, d'une part, sur ce que l'on sait des conditions de l'existence suivant lesquelles tout ce
qui a commencé doit un jour prendre fin, après
avoir successivement passé par les trois phases
nécessaires d'accroissement, d'état et de déclin [2], et en adoptant, d'autre part, les théories

---

[1] De son temps, déjà, Pline disait à propos du catalogue d'Hippar-
que : « Les astres naissent, vivent et meurent. » Aujourd'hui, cette
même proposition, reposant sur quelques données scientifiques, est plus
généralement qu'autrefois tenue comme fondée. (Voir la note G de
l'appendice.)

[2] On sait que ces idées avaient été adoptées par le xviii⁰ siècle, le
siècle sceptique par excellence pour tout ce qui n'était pas actuel et tan-
gible. C'est ce qui ressort des tableaux dressés par Buffon, l'un sur le
temps de refroidissement des planètes, l'autre sur la durée de la nature
organisée à la surface de chacune d'elles. Relativement au premier des
deux, on sait que les calculs de Fourier ont montré combien Buffon
était resté loin de la vérité.

8

cosmogoniques les plus généralement accrédi-
tées, qui nous représentent la terre créée d'abord
sous une forme chaotique, comme recevant plus
tard des perfectionnements progressifs; tout au
plus, disons-nous, est-il permis de penser que
notre globe, qui doit, lui aussi, cesser un jour
d'exister, est arrivé par la création géologique
actuelle au point culminant de son perfectionnement. Il s'ensuivrait, dès lors, que les formations à venir devant aller en décroissant sous le
rapport de la variété, de la puissance et de la
perfection des organismes, objectifs uniques de
toute création, l'homme, le plus parfait des
êtres ayant habité le globe, pourrait être ainsi
considéré comme étant celui en vue de qui et
pour qui tout aurait été fait, puisque, en réalité,
tout a été mis à la portée de sa main ou de son
intelligence.

Il n'est pas inutile de le remarquer en termi-
nant : rien, dans les hypothèses qui précèdent,
ne répugne à l'esprit. Elles permettent, au contraire, de concilier les résultats de l'observation
scientifique avec la fin assignée à l'homme con-

sidéré sous le double point de vue philosophique et moral. En effet, que l'espèce humaine demeure la plus haute expression de la puissance créatrice sur la terre, ou qu'elle doive être suivie d'une espèce plus parfaite qu'elle-même, elle n'en aura pas moins possédé des facultés morales desquelles elle est responsable.

RÉSUMÉ GÉNÉRAL.

Les conséquences biologiques résultant des diverses considérations contenues dans les pages qui précèdent, se résument toutes dans un petit nombre de propositions qui peuvent être formulées de la manière suivante :

I

La rupture de l'équilibre fonctionnel chez les êtres organisés a pour suite inévitable la maladie, d'abord ; puis, si cette rupture est définitive, l'extinction de ces êtres.

II

Cette rupture suit toujours toute modification introduite dans le milieu physique ou dans le milieu organique, ou bien encore dans les deux milieux à la fois, au sein desquels ces êtres vivent.

III

Les êtres organisés d'une même époque géologique sont les principaux modificateurs de leurs milieux respectifs. Par leurs fonctions physiologiques, ainsi que par l'influence qu'ils exercent sur tout ce qui les entoure, ils adaptent de plus en plus à leur usage les milieux qu'ils ont trouvé autour d'eux en apparaissant à la vie. Ils s'y développent alors avec tous leurs attributs, y vivent quelque temps dans la plénitude d'une existence énergique, indice du parfait équilibre fonctionnel résultant de l'excellence des conditions où ils se trouvent; mais cette période que l'on peut appeler *d'état,* n'a, relativement, qu'une courte durée. En continuant d'agir sans cesse dans le même sens sur leurs milieux, les espèces finissent par n'y plus trouver les éléments indispensables à leur mode spécial d'existence.

IV

Relativement à la durée de l'individu ou de

l'espèce, la rupture de l'équilibre fonctionnel est d'autant plus imminente et elle a des conséquences d'autant plus graves et profondes, que les êtres occupent un degré plus élevé dans l'échelle organique.

En d'autres termes, on peut dire que dans les êtres vivants, quels qu'ils soient, l'imminence, le nombre et la gravité des maladies sont proportionnels à la perfection de leur organisation et en raison directe de l'activité de leur vie de relation.

C'est ainsi que l'homme est soumis à un plus grand nombre de maladies et à des maladies plus profondes et plus graves que les autres animaux ;

Que parmi ces derniers, les plus parfaits d'entre eux, comme les mammifères, paraissent être aptes à contracter un nombre de maladies plus grand que les animaux moins élevés [1] ;

---

(1) En effet, ainsi que nous l'avons fait remarquer déjà, plus un animal est élevé dans l'échelle et plus il possède de systèmes ou d'appareils d'organes, qui peuvent être chacun le siège de lésions différentes et exclusivement propres à chacun d'eux.

Que chez les animaux domestiqués, dont la vie de relation a été artificiellement activée, le nombre et la gravité des maladies sont plus grands que chez les animaux non domestiqués de leurs classes respectives.

C'est ainsi, encore, pour corroborer ces faits par des exemples en quelque sorte inverses, que les mollusques, animaux occupant un degré très inférieur dans l'échelle, que les zoophytes, placés plus bas encore, offrent peu de traces de ruptures de leur équilibre fonctionnel [1], ainsi que le montrent le nombre et la durée de leurs espèces, en même temps que la permanence de leurs formes à travers de nombreuses forma-

[1] Les résultats de la pêche des perles à Ceylan et dans le golfe Persique, montrent qu'il faut ramasser un très grand nombre d'huîtres ou plutôt de moules dites « perlières, avant d'en trouver qui contiennent le précieux produit morbide qui constitue la perle. Il peut y avoir, d'ailleurs, doute sur la nature de ce produit; et bien qu'on ait prétendu le faire naître en piquant ou en blessant l'animal, peut-être n'est-il, en définitive, qu'une hypersécrétion normale s'opérant à certaines époques de la vie de la moule. La maladie que l'on a parfois constatée sur le « naissain » et sur les huîtres complètement développées dans certains bancs en exploitation, a pu être rattachée parfois à de profondes modifications de milieu résultant de troubles divers engendrés par l'homme.

tions géologiques embrassant une suite infinie
de siècles.

Enfin, les végétaux envisagés dans leur ensemble, viennent confirmer cette loi. Pourvus
d'une organisation plus simple que celles des
animaux, puisqu'ils n'ont guère que des organes
de reproduction, de respiration et de nutrition,
doués d'une vie de relation à peine rudimen-
taire (1), ils sont le moins accessibles de tous les

(1) La circulation se confond très sensiblement avec la nutrition
dans les végétaux.

Quant à la vie de relation dont nous attribuons ici des traces à ces
organismes, contrairement aux notions scientifiques et au langage
ayant cours, bien qu'on n'ait pas encore découvert en eux d'organes
d'innervation bien marqués, ni d'organes de locomotion, qui sont les
uns et les autres les agents nécessaires de cette vie de relation, cependant, ils présentent quelques phénomènes qui semblent impliquer son
existence.

Comment, en effet, expliquer sans elle la direction des racines s'en-
fonçant diversement dans le sol, suivant les espèces, et celle des ramus-
cules et des vrilles, non certes, livrée au hasard, enfin, la direction des
feuilles et des fleurs cherchant ou fuyant la lumière ?

La vie de relation ne préjuge pas nécessairement, dans tous les cas
où elle existe, des centres nerveux bien marqués, un système nerveux
complet et des organes locomoteurs très développés. Le système nerveux n'a pas encore été aperçu chez le plus grand nombre des zoophytes,
ni même chez certains animaux plus élevés, chez les *planariées* de la
classe des *helmintes*, par exemple. Les végétaux, eux, ont les corpus-

êtres du règne organique à des ruptures d'équilibre fonctionnel. Aussi, est-ce parmi certains
individus appartenant à cette grande classe d'organismes que l'on observe les exemples de lon-
gévité les plus remarquables, et seulement parmi
les espèces de la même classe, que l'on rencontre une permanence de formes et une spécificité
de caractères qui remontent presque sans altération jusqu'aux premières formations de l'époque secondaire, plus loin, par conséquent, que
celles d'aucune espèce animale.

cules de Dutrochet, considérés par cet observateur qui n'a pas été
démenti encore, que nous sachions, comme les rudiments d'un système nerveux. Ajoutons que si l'on prend en considération l'enchaîne-
nement qui unit les êtres organisés les uns aux autres par des gradations insensibles, cette hypothèse, d'un système nerveux à l'état initial
chez les végétaux, perd ce qu'elle avait de téméraire et de hasardé au
premier abord.

EXPRESSION DE LA FORCE VITALE.

———◇◇◇———

Les différentes propositions qui viennent d'être énoncées peuvent toutes, à leur tour, se résumer dans une formule générale qui exprime suivant quelle loi la durée de la vie est répartie dans les individus aussi bien que dans les espèces, et non seulement autour de nous, mais très probablement encore partout où nos procédés d'analyse nous font découvrir l'existence des principales conditions, sans lesquelles, selon nous, elle ne peut se développer nulle part, sous quelque forme que ce soit.

Mais avant d'aller plus loin, il nous paraît indispensable de dire quelques mots sur les fonctions organiques envisagées d'une manière générale.

Toute fonction, ainsi qu'on l'a dit, est le résultat de l'action d'un organe, ou, lorsque plusieurs organes concourent à l'exécuter, le résultat de l'action d'appareils plus ou moins compliqués. Dans les animaux élevés, les fonctions se localisent, attendu que des appareils nombreux existent, ayant chacun une action propre et absolument distincte; tandis que dans les animaux inférieurs, les fonctions se généralisent, c'est-à-dire, qu'un même organe accomplit la plupart du temps des fonctions très différentes.

En dehors des fonctions de reproduction, qui n'intéressent que l'espèce et dont nous n'avons pas à nous occuper en ce moment, il n'y a que des fonctions propres à l'individu et qui, toutes, ont été ramenées à deux principales : la nutrition et l'innervation; celle-ci, avec ses dépendances spéciales, donnant naissance aux divers phénomènes de la vie de relation.

Bien que cette division des fonctions en deux grandes classes seulement soit parfaitement fondée au point de vue des conséquences absolues, puisque la circulation, la respiration et la digestion contribuent avec les fonctions moins générales d'absorption, de sécrétion, etc., à la nutrition [1], cependant, certains faits anatomiques et physiologiques semblent autoriser à pousser plus loin cette première division trop rigoureuse dans sa justesse.

Si l'on examine, en effet, un animal occupant un degré élevé dans la série des êtres, on est frappé de la diversité des organes et de la complication remarquable de certains appareils, affectés les uns et les autres à ces fonctions secondaires concourant toutes à la nutrition. D'un autre côté, les divers produits physiologiques de ces organes si variés, présentent entre eux une dissemblance non moins remarquable, bien qu'ici encore on puisse dire qu'ils n'ont aussi qu'une destination unique : la nutrition.

Or, c'est à cette variété dans des fonctions qui vont toutes au même but, mais par des voies bien distinctes, que nous avons constamment fait allusion jusqu'ici, et c'est cette même variété

(1) On sait, de plus, que l'innervation affectée tout entière par les physiologistes d'autrefois au service des fonctions de la vie de relation, intervient directement, ainsi que cela résulte d'expériences variées à l'infini dans les phénomènes de nutrition.

qui sert de base à la formule générale dont nous avons parlé.

Cette formule, qui comprend l'expression de la force vitale, telle, croyons-nous, qu'on l'entend généralement, est la suivante :

La force vitale est cette force en vertu de laquelle tout être organisé, quel qu'il soit, réagit contre les causes de destruction qui l'environnent.

Elle est proportionnelle à l'équilibre des fonctions entre elles et en raison inverse du nombre de ces fonctions.

Enfin, si l'on applique les données que fournit la formule qui précède à la recherche de la vitalité dont est douée comparativement chacune des classes dans lesquelles on a enfermé le règne organique tout entier, en prenant pour type de chacune d'elles l'espèce la plus parfaite de celles qu'elle contient, on arrive à composer un tableau dans lequel une suite de quotients exprime numériquement la durée qui semble avoir été comparativement assignée à chaque grande classe d'organismes.

Pour l'établir, on n'a pris que les fonctions

principales, celles desquelles on peut plus facilement reconnaître les traces jusque dans les
animaux inférieurs. Les fonctions plus secondaires, telles, par exemple, que celles qui président aux diverses sortes de sécrétion, d'exhalation, d'excrétion, etc., etc., n'existant pas dans
beaucoup de ces animaux ou se faisant, lorsqu'elles existent, par l'intermédiaire d'organes
communs à d'autres fonctions, ne sont pas en-
trées dans les éléments de ce tableau. Nous
pensons à cet égard que même en admettant ces
fonctions, si on les découvrait, à figurer avec les
autres, de manière à augmenter les chiffres pro-
posés pour chaque classe d'organisme, on ne
modifierait pas bien profondément les résultats
présentés.

Dans ce tableau, la force vitale exprimée par I
représente partout le numérateur, et, le nombre
des grandes fonctions de chaque espèce-type
obtenu en évaluant comparativement la perfection de chacune de ces fonctions, le dénomi-
nateur.

TABLEAU

MONTRANT LA SOMME DE VITALITÉ QUE POSSÈDENT, COMPARATIVEMENT ENTRE ELLES,
LES PRINCIPALES CLASSES DONT SE COMPOSE LE RÈGNE ORGANIQUE (1).

Organismes	Végétaux	Zoophytes	Mollusques	Annelés ou Articulés pris dans leur ensemble	Poissons	Reptiles.	Oiseaux	Mammifères
Evaluation de leur vitalité	$\dfrac{1}{2,75}$	$\dfrac{1}{2,95}$	$\dfrac{1}{3,60}$	$\dfrac{1}{3,60}$	$\dfrac{1}{3,75}$	$\dfrac{1}{4,»»}$	$\dfrac{1}{4,70}$	$\dfrac{1}{5,»»}$

(1) Ce tableau ne comprend, quant aux animaux sans vertèbres, que les embranchements dans lesquels ils ont été rangés. La classification est celle de Cuvier, modifiée en quelques points par M. Milne-Edwards, dont les travaux sur la zoologie ont si puissamment aidé à la diffusion de la science.

(Pour l'établissement des chiffres, voir la note II de l'appendice.)

Si, d'autre part, on prend les divers dénominateurs pour les convertir en autant de nombres simples, et si on les range dans un ordre inverse, c'est-à-dire, en commençant par le nombre qui a été assigné aux mammifères, on obtient un second tableau composé d'une série de chiffres indiquant la perfection graduelle des mêmes classes d'organismes considérées relativement les unes aux autres.

TABLEAU

MONTRANT LA PERFECTION ORGANIQUE PRÉSENTÉE COMPARATIVEMENT ENTRE ELLES

PAR LES PRINCIPALES CLASSES DES ÊTRES VIVANTS.

Organismes	Mammifères	Oiseaux	Reptiles.	Poissons	Annelés ou Articulés	Mollusques	Zoophytes	Végétaux
Evaluation de leur perfection organique.	5	4,70	4	3,75	3,60	3,60	2,95	2,75

APPENDICE

APPENDICE

—◇◇◇—

Note A, page 25.

(SUR LES FORCES NATURELLES COMME AGENTS DE DÉCOMPOSITION
ET DE RECOMPOSITION.)

———◇———

Ces forces naturelles, électricité, magnétisme,
chaleur et lumière, qu'on les considère comme
quatre forces distinctes ou comme des manifestations différentes d'un corps impondérable unique ; ou bien encore, qu'on les réunisse deux à
deux (électricité et magnétisme, chaleur et lu-
mière) pour en faire deux agents pourvus chacun de deux propriétés ; ces forces, envisagées
comme causes de tout phénomène physique ou
chimique, n'agissent pas, ainsi que nous l'avons
dit, d'une manière indéfinie, et leur puissance,

quelque considérable qu'on soit en droit de l'imaginer, n'est pas illimitée.

Par exemple, c'est à la chaleur, aujourd'hui, que la science de notre époque tend à attribuer le rôle principal dans la production de bon nombre de phénomènes qu'il nous est donné d'observer.

Or, la terre, dans son entier, a une capacité limitée pour le calorique. Remarquons à cet égard, que les sources de celui-ci, chaleur centrale, rayonnement solaire, mouvement des corps, restent sensiblement les mêmes [1], tandis, au contraire, que la déperdition de la chaleur, c'est-à-dire, de l'une des forces naturelles dont nous parlons, toute infinitésimale qu'elle soit, d'après les calculs de Fourier, s'opère cependant sans interruption.

---

[1] En laissant de côté ce qui est relatif à l'émission calorifique du soleil, on peut dire que l'influence de la chaleur centrale sur la surface, tend plutôt à diminuer.

Note B, page 36.

Si l'on admet que les manifestations par lesquelles la vie s'est révélée depuis qu'elle a paru, notablement différentes les unes des autres, comme on peut dire en toute assurance qu'elles l'ont été, marquent autant d'états différents de l'atmosphère terrestre, on devra réciproquement admettre que celle-ci a présenté plusieurs modes de composition.

D'après ce que l'on sait de la nature des êtres qui se sont succédé dans la suite des temps, et de la prépondérance prise à diverses époques par certains d'entre eux dans le règne organique, ces modes pourraient être ramenés à trois principaux.

Dans le premier, succédant à l'état d'incandescence où se trouvait d'abord la planète et

coexistant avec l'établissement définitif d'une
écorce solide plus ou moins mince encore et
avec celui d'une atmosphère proprement dite,
l'oxygène et l'azote devaient être en proportion
minime, si même ils y existaient autrement qu'à
l'état de combinaison. Au contraire, l'acide carbonique devait y dominer, les combinaisons
d'où il était dégagé étant partout répandues en
immense quantité dans la nature, et, peut-être,
comme on l'observe dans les éruptions volcani-
ques, l'acide chlorhydrique s'y trouvait-il mêlé.
Cette atmosphère correspondait, sans doute, aux
plus anciennes périodes de l'époque primitive.

Plus tard, les combinaisons entre les éléments atmosphériques et les corps de la nature
continuant de s'effectuer, les organismes végétaux, de leur côté, y joignant leur influence, les
proportions de ces éléments durent changer
encore et l'oxygène put se trouver dégagé parmi
eux en proportion de plus en plus considérable.
Tel aurait été le milieu atmosphérique de l'époque secondaire.

Ces mêmes conditions n'auraient cessé de

se produire durant les périodes suivantes, favorisées qu'elles étaient dans leur développement
par l'épaississement croissant de l'écorce du
globe [1], ainsi que par l'évaporation et la décomposition très actives des eaux couvrant alors la
surface de la terre sur une étendue bien autrement considérable que celle où elle la couvre
aujourd'hui, et elles auraient ainsi constitué
dans leur ensemble l'atmosphère propre à l'époque tertiaire.

Ici, l'acide carbonique absorbé d'une part par
les végétaux durant les périodes précédentes;
repris, d'autre part, pour des combinaisons
telles que celles qui ont donné naissance aux
éléments dont sont formés les immenses bancs
de carbonate calcaire accumulés sur tous les
points du globe [2], aurait fait place à l'oxygène

---

[1] Cet épaississement, en diminuant l'action de la chaleur centrale
sur les corps de la surface, devait, par suite, restreindre indirectement
le nombre et la facilité des combinaisons de l'oxygène avec ces corps et
permettre conséquemment à celui-ci de rester libre.

[2] Où donc les coraux et les coquilles fossiles de ces époques, tous
composés de carbonate de chaux; où les animaux dont les débris
microscopiques exclusivement composés de la même substance, consti-

qui se serait peut-être alors trouvé en excès, si l'on compare l'atmosphère de cette époque à celle de la nôtre.

Cette opinion que des changements s'opèrent ou se sont opérés dans les éléments atmosphériques, et que l'acide carbonique s'est trouvé, à certain moment, parmi eux en proportion considérable, a offert une grande probabilité à des savants illustres qui n'ont pas manqué de bonnes raisons pour la soutenir.

Dans le mémoire déjà cité, M. A. Brougniart donne en ces termes la sienne sur ce sujet :

« .... les végétaux régnaient alors sans partage à la surface découverte de la terre, sur laquelle ils semblaient appelés à jouer un autre rôle dans l'économie générale de la nature. »

« On ne saurait, en effet, douter que la masse immense de carbone accumulée dans le sein de la terre à l'état de houille et provenant de la destruction des végétaux qui croissaient à cette

tuent à eux seuls certains bancs calcaires d'une étendue prodigieuse ; où tous ces êtres auraient-ils puisé cet élément de composition, si ce n'est dans le milieu ambiant ?

époque reculée sur la surface du globe, n'ait été
puisée par eux dans l'acide carbonique de l'atmosphère, seule forme sous laquelle le carbone
ne provenant pas d'êtres organisés préexis-
tants [1], puisse être absorbé par une plante. Or,
une proportion même assez faible d'acide carbonique dans l'atmosphère est généralement un
obstacle à l'existence des animaux et surtout
des animaux les plus parfaits, tels que les mammifères et les oiseaux; cette proportion, au contraire, est très favorable à l'accroissement des
végétaux, et si l'on admet qu'il existait une
plus grande quantité de ce gaz dans l'atmosphère primitive du globe que dans notre atmosphère actuelle, on peut le considérer comme
une des causes principales de la puissante végé-
tation de ces temps reculés. »

« Cet ensemble de végétaux si simples, si uni-
formes, qui auraient été si peu propres par conséquent à fournir des matériaux à l'alimentation
d'animaux de structure très diverse, tels que

(1) Précédemment, M. Brougniart avait établi, par diverses considérations, l'absence ou la rareté d'animaux producteurs d'acide carbonique.

ceux qui existent maintenant, aurait, en puri-
fiant l'air de l'acide carbonique en excès qu'il
contenait alors, préparé les conditions nécessaires à une création plus variée, et si nous voulions
nous laisser aller à ce sentiment d'orgueil qui a
quelquefois fait penser à l'homme que tout dans
la nature avait été créé à son intention, nous
pourrions supposer que cette première création
végétale qui a précédé de tant de siècles l'apparition de l'homme sur la terre, aurait eu pour
but de préparer les conditions atmosphériques
nécessaires à son existence et d'accumuler ces
immenses amas de combustible que son industrie devait plus tard mettre à profit. »

« Mais indépendamment de cette différence
dans la nature de l'atmosphère, que la formation
de ces vastes dépôts de charbon fossile rend
extrêmement vraisemblable la nature des végétaux mêmes qui les ont produits, ne peut-elle
pas nous fournir quelques données sur les
autres conditions physiques auxquelles la surface de la terre était soumise pendant cette
période. »

De son côté, Ampère, qui avait déjà pleinement adopté sur ce point les idées de M. Brougniart, dit aussi :

« L'absorption et la destruction continuelles de l'acide carbonique par les végétaux, rendaient l'air de plus en plus semblable en composition à ce qu'il est maintenant, l'eau devenait en même temps de moins en moins chargée d'acide ; cependant, l'atmosphère n'était pas encore propre à entretenir la vie des animaux qui respirent l'air directement; ce fut, en effet, dans l'eau qu'apparurent d'abord les premiers êtres appartenant à ce règne : des radiaires et des mollusques. »

Des expériences qui ont, d'ailleurs, besoin d'être reprises, tendraient à établir que certaines classes d'animaux jouissent, dans un milieu ambiant où l'acide carbonique existe en proportion notable, d'une immunité relative.

I Si l'on plonge des grenouilles dans de l'eau contenant son volume d'acide carbonique, on les voit s'agiter au bout d'une minute, se débattre avec plus ou moins de force durant cinq ou six autres : la respiration devient haletante et l'animal est asphyxié après dix à douze minutes de séjour dans l'eau acidifiée. Tiré du liquide et exposé au grand air, il ne tarde pas, toutefois, à reprendre toutes les apparences de la santé [1].

II Plongées dans une eau contenant le cinquième de son volume d'acide carbonique, d'autres grenouilles, après avoir d'abord présenté quelques phénomènes d'agitation comme ceux qui ont été décrits dans l'expérience précédente, finissent par s'accommoder de ce nouveau milieu et peuvent y séjourner durant plusieurs heures sans présenter de notables marques de souffrance.

III Dans un liquide titré au dixième de son volume d'acide carbonique, les grenouilles, bien que montrant de temps en temps des

[1] Ces diverses expériences ont été faites dans une saison à température relativement basse, le thermomètre marquant, suivant les jours, de + 4° à + 8°. Des moyens avaient été pris pour permettre aux batraciens de séjourner à la surface du liquide. L'impossibilité de nourrir convenablement les animaux a toujours empêché de prolonger et de réitérer les expériences autant qu'il l'aurait fallu.

symptômes de malaise, paraissent pouvoir séjourner très longtemps.

IV Deux jeunes salamandres, plongées dans
ce même liquide, après s'être fortement débat-
tues durant une minute et demie environ, succombent bientôt asphyxiées.

V Immergés dans de l'eau contenant le dixième
de son volume d'acide carbonique, quatre poissons, tous de l'ordre des malacoptérygiens abdo-
minaux, un jeune brochet, un jeune barbeau,
deux ablettes que leurs dimensions montrent
être arrivées à l'état adulte, sont asphyxiés en
moins de deux minutes. Le brochet succombe
le premier, assez longtemps avant les autres.
Retiré du liquide et exposé à l'air libre, il ne
tarde pas à frétiller et à revenir complètement à
la vie. Placé ensuite avec les trois autres sujets
de la même expérience dans de l'eau ordinaire
de rivière, il reprend bientôt, ainsi que ces derniers, toutes les apparences de la santé.

Dans ces diverses expériences, les animaux
essayaient de venir respirer l'air à la surface,
mais trouvant là, encore, une atmosphère con-

tenant de l'acide carbonique en proportion marquée, ils se tenaient, en général, de préférence dans leur milieu liquide.

VI Des insectes (la blatte commune), des arachnides (l'araignée des caves et le faucheur), des crustacés (le cloporte et l'écrevisse), placés tour à tour dans un grand flacon à deux larges tubulures, dont l'une, de sortie, d'un diamètre égal à celui de la tubulure d'introduction, reste libre, sont soumis à l'action de l'acide carbonique qui y est dégagé par intermittences.

Tous, sans exception, s'éloignent tout d'abord du point par lequel l'acide carbonique pénètre dans le vase. Les blattes et les araignées courent çà et là comme pour s'échapper et ne redeviennent calmes que lorsque l'on intercepte l'arrivée du gaz dans le flacon. Si l'on continue l'expérience durant douze à quinze minutes, ces animaux ne tardent pas à devenir complètement immobiles. De l'air ordinaire injecté par la tubulure d'introduction au moyen d'un soufflet, est impuissant à les ranimer après vingt minutes.

Les crustacés placés dans les mêmes conditions, présentent une résistance inégale. Les cloportes, après s'être tour à tour agités beaucoup en courant autour des parois du vase et avoir, à plusieurs reprises, essayé de se mettre en boule, paraissent asphyxiés au bout de douze à quinze minutes. Rejetés à l'air libre, ils ne se raniment pas.

Les écrevisses supportent beaucoup moins longtemps l'influence du même milieu. Elles restent sans mouvement au bout de six minutes. Placées ensuite à l'air libre dans un grand vase contenant une légère couche d'eau non suffisante pour les immerger totalement, elles reprennent bientôt leurs mouvements accoutumés.

Nous devons ajouter ici que ce qui a surtout manqué aux diverses expériences que nous venons de relater sommairement, c'est une précision suffisante. Dépourvus de ce qui aurait été nécessaire pour cela, nous n'avons pu, par exemple, doser d'une manière tout à fait rigoureuse et à intervalles suffisamment rapprochés, la quantité d'acide carbonique contenue dans les liquides et dans l'atmosphère des vases. Aussi,

10

ne livrons-nous les résultats de ces expériences qu'avec beaucoup de réserves.

D'autres expériences en quelque sorte contradictoires, bien que corrélatives aux précédentes pour ce que l'on avait en vue d'établir, avaient été projetées, mais n'ont pu être réalisées. Il s'agissait de placer les divers organismes, sujets des premières expériences, dans des milieux (liquides ou gazeux) légèrement suroxygénés, et de constater quelle y eût été leur force de résistance comparativement à celle qu'eussent offerts, dans un milieu identique, des oiseaux et de petits mammifères.

L'ensemble des moyens nécessaires pour rendre ces expériences parfaitement concluantes a fait défaut. Nous nous contentons d'indiquer ici la voie où l'on pourrait entrer pour rendre ces recherches fructueuses : c'est cette dernière considération qui nous a seule déterminé à mentionner nos diverses expériences tout incomplètes qu'elles sont.

Note C, page 51.

—•◊•—

Les premiers mammifères observés sont, comme nous avons eu occasion de le dire, des mammifères didelphes. Très peu nombreux, d'ailleurs, à l'époque triasique et de petite taille, ils coexistaient avec de nombreux reptiles et avec une flore où dominaient les conifères, les cycadées et les fougères, vivant ainsi au sein d'une atmosphère dont la densité était, sans doute, bien supérieure à celle de la nôtre.

Les oiseaux à la circulation active, desquels il faut de notables quantités d'oxigène, n'existaient probablement pas encore à cette époque. Ce que l'on a pris pour des empreintes de pas d'oiseaux (dans le trias supérieur d'Amérique, par exemple), n'en était sans doute pas, ou en était bien moins souvent qu'on l'a cru. Voici comment le savant auteur des éléments de géologie que nous avons eu occasion de citer déjà, résume les opinions contradictoires qui se sont produites à ce sujet [1] :

« Une certaine méfiance bien naturelle s'attache à tout ce qui concerne les empreintes fossiles ; il ne sera peut-être pas hors de propos d'énumérer quelques-uns des faits relatifs à celles que les géologues ont pu admettre avec le plus de certitude. Lorsque, pour la première fois en 1842, je visitai les Etats-Unis, M. le professeur Hitchcock avait déjà observé dans le district dont j'ai parlé, plus de deux mille empreintes de cette nature, et toutes s'étaient montrées sur la surface supérieure des couches, tandis que les reliefs correspondants existaient à la surface inférieure. Si l'on suit une ligne déterminée d'empreintes, on remarque que celles-ci sont de grandeur uniforme et presque également espacées, l'orteil de deux empreintes successives se dirigeant alternativement à droite et à gauche. Une ligne seule indiqué un bipède, et l'on remarque généralement alors, de trois en trois

[1] Sir Ch. Lyell, — Eléments de géologie, p. 57 et suivantes, t. II.

empreintes successives, une déviation de la ligne droite, semblable à celle qu'on observe dans les traces de pas laissées par les oiseaux. Il existe aussi un étroit rapport entre la distance qui sépare deux empreintes dans une série et la grandeur de ces empreintes; en d'autres termes, on observe une proportion régulière entre la longueur de l'enjambée et la taille de l'animal qui a marché sur le limon. Lorsque les traces sont petites, l'enjambée peut avoir douze millimètres; lorsqu'elles sont gigantesques, dans le cas, par exemple, où les orteils ont 0^m 50 centimètres de long, la distance d'une empreinte à l'autre, du même côté, est parfois de 1 mètre 35 centimètres. La plupart des empreintes laissées par les bipèdes sont trifides et montrent le même nombre d'articulations que le pied des oiseaux tridactyles vivants. Or, ces oiseaux ont trois phalanges au doigt interne, quatre au doigt moyen et cinq au doigt extérieur; l'empreinte de l'articulation terminale est celle de l'ongle seul. Les empreintes fossiles montrent toujours ce même nombre lorsque les articulations sont exactement reproduites, et l'on voit dans chaque ligne contenue de traces, les doigts à trois articulations et à cinq articulations dirigés en dehors alternativement d'abord d'un côté, puis d'un autre. Dans certains échantillons, outre la trace des trois doigts de front, on aperçoit le rudiment d'un quatrième doigt se dirigeant en arrière. Rarement la gangue s'est trouvée assez fine pour retenir l'empreinte de la peau du pied; mais dans un échantillon très remarquable découvert par M. le docteur Deane à Turner's-Falls sur le conecticut, la conservation s'est trouvée assez parfaite pour que M. Owen ait pu constater qu'il reproduisait la peau de l'autruche et non celle d'un reptile . . . .

 . . . .

 . . . . »

« La grandeur des empreintes fossiles dans le grès rouge du conecticut, dépasse tellement celle que laisserait une autruche vivante, que les naturalistes ont d'abord refusé d'y voir des pas d'oiseaux; mais on a découvert plus tard dans la Nouvelle-Zélande des os et un squelette presque

entier de *Dinornis,* ainsi que d'autres oiseaux
géants , et leurs dimensions ont dissipé les
doutes. . . . .
. . . . »

« Parmi les traces attribuées aux bipèdes, on
n'en a observé qu'une seule bien distincte de
pied à quatre doigts dirigés en avant. Cet exemple a montré une série de quatre empreintes
mesurant chacune 0^m 55 de long et 0^m 50 de
large, avec articulations ressemblant beaucoup à
celle des doigts chez les oiseaux. M. Agassiz a
pensé qu'elles pouvaient appartenir à un batra-
cien bipède gigantesque. D'autres naturalistes
ont appelé l'attention sur ce fait, que certains
quadrupèdes placent, en marchant, l'extrémité
du membre postérieur précisément sur le point
du sol que vient de quitter le pied de devant et
produisent ainsi une seule ligne d'empreintes
comme celle d'un bipède. D'un autre côté ,
M. Waterhouse-Hawkins a remarqué qu'en Aus-
tralie, certaines espèces de grenouilles et de
lézards ont les deux doigts externes si peu développés et si redressés, qu'ils ne peuvent man-

quer de laisser sur le limon et le sable des empreintes tridactyles. »

Une défiance aussi naturelle que celle dont parle l'éminent géologue anglais, doit, croyons-nous, s'attacher également à ce que l'on a considéré, dans certains cas, comme des débris fossiles d'oiseaux (l'Archœopteryx-macrura d'Owen dans l'oolithe supérieure à Solenhofen en Bavière), débris qui, sans doute, n'étaient pas ceux d'un animal de cette classe.

Un ostéologiste américain cité par sir Lyell, le dr Leidy, fait observer en effet « que le Ptérodactyle se rapprochait tellement des oiseaux par la structure et la forme des os des ailes et du tibia, que certains reptiles de cette espèce, recueillis dans la craie et dans le weald en Angleterre, ont été pris pour des oiseaux par des savants des plus autorisés. » Remarquons, d'ailleurs, en ce qui concerne l'Archœopteryx que, semblable au Ptérodactyle, il avait une griffe à chaque aile. Les plumes fossiles qui forment l'échantillon conservé de cet animal au musée britanique, n'autorisent pas plus, selon nous, à

le ranger dans la classe des oiseaux, que le bec
et l'omoplate de l'Ornithorynque, s'ils restaient
seuls comme échantillon d'un animal fossile,
ne devraient faire placer parmi les oiseaux le
mammifère monothrème auquel ils auraient
appartenu. Tout au plus, d'après ce qui précède,
peut-on croire, suivant une hypothèse qui a été
émise que l'Archœopteryx, comme, d'ailleurs,
les oiseaux ou les animaux prétendus tels qui
ont laissé leurs empreintes fossiles dans le grès
rouge d'Amérique, formerait un genre intermédiaire entre les reptiles et les oiseaux.

Note D, page 100.

(SUR LA PERFECTIBILITÉ DE L'ESPÈCE HUMAINE.)

Cette idée de la perfectibilité indéfinie de l'homme qui avait si fort enthousiasmé le xviiie siècle et qui avait suscité en Condorcet un défenseur et un propagateur ingénieux [1], outre qu'elle n'est pas compatible avec l'existence des lois générales dont nous avons parlé, ne peut d'avantage se concilier au point de vue philosophique, avec ce fait, que l'homme est une créature finie.

En effet, créée avec des attributs déterminés, pourvue d'organes, ou, pour employer un langage d'école qui rend bien ici la pensée, armée d'instruments dont la portée est exactement limitée, l'espèce humaine actuelle n'est susceptible que d'un perfectionnement également li-

[1] L'homme ne mourra enfin, dit-il, que parce que sous l'influence de l'usure graduelle de ses forces.... « il éprouvera la difficulté d'être. »

mité. Elle peut s'améliorer moralement et, par suite, perfectionner dans une certaine mesure son organisation physique; car ces deux propositions sont liées entre elles par un enchaînement logique en quelque sorte nécessaire : mais il est un point au-delà duquel, suivant l'expression de l'Ecriture, on peut dire à l'homme actuel qu'il n'ira pas plus loin; un point qu'il lui est interdit de franchir sous peine, comme nous l'avons vu, de se nuire à lui-même.

Sans doute, il n'est pas difficile d'imaginer une espèce semblable à la nôtre, mais plus parfaite qu'elle; comme on voit, à l'époque actuelle, des mammifères quelque peu supérieurs organiquement aux mammifères de même espèce ou d'espèce correspondante qui ont vécu contemporains des formations reculées de l'époque tertiaire. Cette nouvelle espèce humaine, dotée de moyens à l'aide desquels elle pourrait s'étendre bien au-delà de ce qu'il est permis à la nôtre d'atteindre aujourd'hui, débarrassée de certaines entraves qui nous retiennent malgré nous, serait alors vraiment supérieure. Mais tout cela est-il

au pouvoir de l'intelligence humaine ? N'y au-
rait-il plus là que les effets d'un simple perfectionnement organique résultant du seul progrès
scientifique ? Il nous paraît impossible de le
penser. Suivant nous, il faut plus : il faut une
nouvelle formation géologique offrant des conditions nouvelles.

Cette idée de la nécessité d'une création ulté-
rieure pour donner jour à une espèce humaine
perfectionnée, a été émise par un éminent observateur, Bremser, qui s'explique ainsi à cet égard :

. . . . , . . .

. . . .

. . . .

« Par la suite, il s'opéra une nouvelle révolution ou fermentation. La première création fut
détruite par la précipitation suivante et la terre
fut, de nouveau, peuplée d'animaux qui étaient
cependant d'une autre espèce que les premiers.
On ne peut déterminer, au juste, combien il y a
eu de pareilles révolutions, suivies de précipitations qui avaient lieu chaque fois, au moins, sur
de grandes étendues de la terre. Il est seulement

certain que chaque précipitation fut suivie d'une
nouvelle création et que l'homme est un produit
de la dernière (1); car on n'observe, comme il a été
remarqué, aucun ossement d'homme, pas même
dans les couches supérieures des terrains secondaires, et, qui plus est, on ne commence à voir
des ossements de mammifères que dans les couches supérieures, et M. Cuvier présume, par cette
raison, qu'ils sont un produit de l'avant-dernière
révolution de notre terre. »

« Comme après chaque précipitation il se for-
mait toujours des êtres plus parfaits et, enfin,
celui qui est le plus parfait de tous, c'est-à-dire,
l'homme, mon opinion de voir la cause princi-
pale d'action dans l'esprit et dans sa tendance à
dominer la matière, gagne, par cette raison, toujours plus de probabilité. C'est bien un esprit qui
vivifie l'huître et qui anime l'homme, mais l'esprit est, dans les deux cas, pour me servir d'une
expression empruntée à la théorie de l'électricité,

(1) Cela se rapporte parfaitement avec le premier chapitre de la
Genèse. On n'a qu'à s'imaginer, comme Buffon l'a déjà observé, au lieu
des jours, de grandes époques. (*Note de Bremser.*)

sous des degrés très différents de tension : dans
l'homme, il est monté jusqu'à l'intelligence, et
dans l'huître nous trouvons à peine des traces
de sentiment. Les animaux de la première création ne pouvaient pas être aussi parfaits que
ceux de la dernière; dans la première, l'esprit
était encore trop enchaîné à la matière et ce n'est
qu'après s'être débarrassé de cette dernière, non
propice à l'animalisation, qu'il pouvait agir plus
librement et parvenir, à la fin, à gouverner
l'existence corporelle de l'organisation à laquelle
il est inhérent; car l'homme animé par l'esprit
veut, et sa volonté est une loi pour la matière.
Cette assertion souffre cependant des exceptions
dans certains cas; mais alors l'esprit demande
plus que la matière ne peut faire; et nous devons
également considérer que l'homme n'est pas un
pur esprit, mais seulement un esprit borné par
la matière de différentes manières. En un mot,
l'homme n'est pas un Dieu, mais malgré la cap-
tivité de l'esprit dans sa corporéité, celui-ci est
déjà devenu assez libre en lui, pour qu'il s'a-
perçoive qu'il est gouverné par un esprit plus

élevé que le sien, c'est-à-dire, par un Dieu. Pouvoir ou plutôt devoir comprendre cela, est ce
qui fait la différence entre les hommes et les
animaux, différence que l'on a voulu chercher
dans l'absence du ligament cervical et de l'os
intermaxillaire, dans la coïncidence des dents
canines, dans la faculté d'opposition du pouce
aux autres doigts, dans les extrémités inférieures, dans la station bipède, etc. [1] Schrank, qui
a rendu tant de services à l'histoire naturelle, a
placé avec raison l'homme dans une classe
particulière du règne animal. »

« Il est encore à présumer, dans la supposi-
tion où il y aurait une nouvelle précipitation,
que des êtres beaucoup plus parfaits que ceux
qui ont été le résultat des précédentes seraient
créés. L'esprit dans l'homme est à la matière
dans la proportion de 50 à 50 [2], avec de légères

(1) Ces caractères sont de Schrank qui a cependant oublié un signe
caractéristique, c'est-à-dire, que l'homme peut devenir fou, bonne
occasion pour certains critiques de mettre au jour une idée spirituelle.
(*Note de Bremser.*)

(2) Si, en donnant les chiffres 50 à 50, Bremser a voulu établir
comme un fait absolu que telle est la proportion entre l'esprit et la

différences en plus ou en moins, car c'est tantôt
l'esprit et tantôt la matière qui domine. Dans
une création subséquente, si celle qui a formé
l'homme n'est pas la dernière, il y aurait probablement des organisations où l'esprit agirait
plus librement et où il serait dans la proportion
de 75 à 25. Il résulte de cette considération, que
l'homme a été formé comme tel à l'époque la
plus passive de l'existence de notre terre.
L'homme est un triste moyen-terme entre l'animal et l'ange [1]; il tend aux connaissances élevées et ne peut pas y atteindre, quoique nos

---

matière dans l'homme actuel, il nous paraît avoir émis une assertion
bien téméraire, en ce qu'il est extrêmement difficile, sinon impossible,
de la faire reposer sur une base rationnelle : mais, peut-être, n'a-t-il
voulu se servir du chiffre 50 que comme d'un terme de comparaison
avec celui de 75 donné plus loin.

(1) Je ne veux nullement dire par cela que l'homme soit quelque
chose de vil ou de misérable, car il est, au moins sur notre globe, l'être
le plus parfait, le chef-d'œuvre de la création ; j'ai voulu seulement
indiquer que l'homme n'est ni un ange, ni un Dieu ; qu'il doit être très
pénible pour lui de n'avoir justement qu'autant d'esprit qu'il en faut
pour concevoir qu'il n'en a pas assez pour approfondir les choses qu'il
désire, par une tendance innée, le plus ardemment de connaître :
cependant, il n'a pas le droit de s'en plaindre. Le prophète Isaïe
s'exprime là-dessus d'une manière très juste. (V. chap. XLV, verset 19.)
(*Note de Bremser.*)

philosophes modernes le croient quelquefois,
cela n'est réellement pas. L'homme veut aprofondir la cause première de tout ce qui est, mais
il ne peut pas y parvenir : avec moins de facultés iniellectuelles, il n'aurait pas la présomption
de vouloir connaître ces causes, qui seraient, au
contraire, claires pour lui, s'il était doué d'un
esprit plus étendu. L'homme se fait une idée
incomplète et fausse du temps et de l'espace,
quoiqu'il sache ou plutôt qu'il doive savoir qu'il
n'y a pas de temps pour l'éternité, ni d'espace
pour l'infini ou pour l'immensité. Les idées
d'espace et de temps lui sont, en effet, innées,
ou bien elles sont jointes nécessairement à son
existence comme homme, mais elles ne sont pas
placées dans l'esprit qui est infini, sans bornes
et éternel, et elles lui sont, pour ainsi dire, imposées par sa corporéité, par la matière qui gêne
l'action libre de l'esprit, comme esprit dans toute
sa pureté. L'homme tel qu'il est dans sa corporéité ne parvient pas même autrement à la connaissance de soi-même que par la réflexion de
l'esprit sur la matière. Mais ces considérations

11

n'appartiennent pas à mes recherches, et j'en reprends par conséquent la continuité. »

« De même qu'il est probable que chacune des précipitations qui formèrent notre globe eut lieu subitement, les corps des animaux et des plantes durent jadis se former aussi d'une manière subite et d'un seul jet. Dieu voulut et sa volonté fut faite, car je crois aussi peu que le cèdre du Liban fut originairement un lichen, que l'éléphant doive son origine à une huître ou à un zoophyte, eût-il passé même par mille gradations : j'admets encore moins que l'homme ait été originellement un poisson ou un animal couvert d'écailles, comme quelques naturalistes modernes s'efforcent de nous l'expliquer. Si les choses se fussent passées ainsi, alors de pareilles métamorphoses progressives ou bien des transformations graduelles d'êtres en d'autres êtres de plus en plus parfaits, soit chez les plantes, soit chez les animaux, devraient avoir lieu journellement sous nos yeux. Mais pour parler seulement de l'homme, aucun fait ne nous prouve qu'il y ait dans son organisation physique et

morale aucun progrès qui indiquerait un développement ultérieur; il est toujours le même, tel
qu'il fut il y a des milliers d'années. La manière
dont les gouvernements, l'éducation et le sol ont
influé sur quelques peuples, ne peut pas être
prise en considération; il existait dans les temps
les plus reculés des hommes doués d'un esprit
élevé et des hommes bornés, ainsi que nous
l'observons encore actuellement . . . .
. . . .
. . . . (1) »

Comme on le voit, Bremser s'inspire ici des
notions les plus communément acceptées par la
science de son moment. Mais, nous devons le
dire, à l'heure qu'il est, l'idée du perfectionnement de la race humaine n'est plus subordonnée
pour tout le monde à des conditions aussi radicales que celles dont il est question dans ce qui
précède.

Dans une récente conférence sur l'homme

(1) *Traité anatomique et physiologique des vers intestinaux*, par
Bremser, traduit par M. Grundler, DMP., revu et augmenté de notes
par M. de Blainville.

« préhistorique, » M. Carl Vogt avance qu'il s'est
effectué dans notre espèce depuis les temps reculés (1), où vivait cet homme jusqu'à nos jours,
un perfectionnement organique évident, résultat
de ses progrès dans la voie de la civilisation.

« . . . . , . . .

. . . .

Un mot pour finir sur les races humaines. Nous
constatons dans les crânes et la charpente os-
seuse un progrès notable sur l'époque précédente. La boîte crânienne est mieux conformée,
le front plus élevé, les dents droites : pourtant,
il reste des traces de sauvagerie, surtout dans
les arrêtes musculaires. »

« Il existait en Europe au moins trois races.
Dans le Nord, en Danemark, nous trouvons une
petite race à tête arrondie, aux lignes tempora-
les très élevées et légèrement prognathe. C'est
une race mongoloïde qui a tous les caractères

(1) M. Carl Vogt reporte l'existence de certaines palafites, dans lesquels ont été trouvés les ossements humains qui servent de moyens de
comparaison, à 6720 ans, chiffre établi à l'aide de l'accroissement
connu des tourbières.

des Lapons actuels. Dans les tombeaux de la
Suède, qui datent de la même époque, on a découvert des ossements d'une race grande et
forte à la tête allongée qui se rattache sensiblement à la race scandinave. Enfin, dans les palafites, le crâne est long et large, de conformation
ovalaire, le front assez élevé, les dents parfaitement droites; c'est le vrai crâne helvète qui s'est
remarquablement conservé par la suite, bien
qu'il eût subi quelques modifications par le mé-
lange avec d'autres types depuis l'époque romaine jusqu'à nos jours. »

« Donc, la forme humaine s'est améliorée
avec les progrès de la civilisation. Nous sommes arrivés partout en Europe au degré le
plus élevé que les races humaines pussent atteindre avec les matériaux imparfaits dont elles
disposaient, c'est-à-dire, sans le secours des
métaux. »

Si nous ne nous trompons, M. C. Vogt n'a
pas prouvé complètement la thèse qu'il avait
choisie.

Remarquons, en effet, sur quelques-uns des

points qu'elle contient, que le célèbre naturaliste, en parlant des races diverses occupant encore aujourd'hui les contrées où elles étaient venues antérieurement s'établir et en rappelant les caractères propres à chacune d'elles, n'a pas nettement démontré que les plus inférieures d'entre elles se soient élevées organiquement comme il semble le dire. La race « mongoloïde » des Lapons, par exemple, offre encore aujourd'hui les caractères spéciaux qu'elle présentait aux époques où remontent les anciens crânes retrouvés de cette race.

Ce qu'il aurait fallu démontrer, selon nous, eût été que les crânes et les ossements trouvés dans les habitations lacustres les plus rapprochées de nous par leur date, étaient supérieurs par leur conformation à d'autres parties similaires de date plus ancienne appartenant aux mêmes races, et inférieurs en même temps aux crânes et aux ossements des mêmes races actuellement vivantes : l'argument eût été alors sans réplique.

Mais s'appuyer, comme on paraît le faire, sur

cette considération que des races comparativement deshéritées, en s'unissant à d'autres races
plus parfaites, se sont par de longs croisements
progressivement élevées jusqu'au point de per-
dre tous leurs caractères d'infériorité, n'est pas
la preuve admissible en pareille matière. Il y a
là la confirmation d'un fait de sélection qui se
passe journellement sous nos yeux, et, si l'on
veut, une preuve non cherchée, peut-être à
l'appui de l'unité de la race humaine dont les
différentes variétés, en s'unissant toujours fruc-
tueusement comme il semble qu'elles possèdent la faculté de le faire, reviendraient alors
à un type unique : nous ne pouvons y voir rien
autre chose.

Rappelons d'ailleurs ici ce que nous avons
dit dans notre quatrième mémoire : nous avons
montré comment il fallait prendre une amélio-
ration principalement fondée sur les dimensions
et la forme du crâne. Un perfectionnement ne
peut être, en effet, réellement tenu pour tel qu'à
la condition d'être général dans l'organisme où
on l'observe, puisque alors l'équilibre orga-

nique n'est pas troublé. Mais encore faut-il même dans ce cas que cet équilibre maintenu ou bientôt redevenu parfait coïncide lui-même avec des conditions générales qui lui soient favorables.

Note E, page 112.

On a longuement discuté sur ce que l'on doit entendre par « perfection » d'un organisme. On a prétendu, par exemple, que les conifères et les cycadées, parmi les végétaux, étaient des plantes aussi parfaites que les dicotylédones les mieux pourvues d'organes ; que dans la série animale, certains mollusques et certains insectes, doués d'appareils sensoriaux très développés, ne devaient pas être considérés comme inférieurs à certains vertèbres ne possédant que des sens très obtus.

Bien que d'une manière générale on puisse dire qu'un être est parfait dès lors que son organisation, quelle qu'elle soit, lui assure dans toute sa plénitude l'exercice du genre de vie auquel il a été destiné, et qu'à ce point de vue on puisse conclure que tous les organismes sont

égaux, cependant, relativement à d'autres êtres
dont la vie est plus étendue, il faut bien reconnaître qu'il en est d'un ordre inférieur.

N'est-il pas évident, en effet, qu'un être doit
être tenu comme d'autant plus parfait qu'il possède un plus grand nombre d'organes et, partant, de fonctions, et que ces organes et ces
fonctions sont plus parfaitement connexes entre
eux. Or, tel est, quant au nombre des organes,
le cas des principales dicotylédones mises en
parallèle avec les équisétacées, par exemple; tel
est, quant au nombre et au rapport des organes
entre eux, celui des vertébrés comparés aux
insectes.

Longtemps ces questions ont été de vaines
disputes d'école, plutôt que de sérieuses discus-
sions scientifiques pouvant conduire à des résultats intéressants. Aujourd'hui, avec les idées
nouvelles introduites dans la science, il n'en est
plus ainsi : et si l'on parvenait à prouver que la
prêle arborescente des forêts primitives est organiquement l'égale du chêne de nos forêts, ou
bien que le zoophyte ou le crustacé des mers des

plus anciennes époques doit être tenu comme valant organiquement un mammifère d'un ordre élevé tel que l'éléphant ou le chien, on aurait, entre autres conséquences plus ou moins prévues de ces idées, fourni la preuve que les différentes créations qui se sont succédé n'ont pas progressé comparativement entre elles. De là à montrer que des formations qui se succèdent uniformément ainsi peuvent se suivre d'une manière indéfinie, il n'y aurait qu'un pas pour quiconque n'y regarderait pas de trop près.

La complète égalité organique entre les êtres, si elle pouvait être démontrée, servirait encore d'argument pour établir que les organismes jusque-là réputés inférieurs étant égaux aux organismes supérieurs, la distance entre eux n'est pas aussi infranchissable qu'on l'avait cru d'abord.

Mais il n'en peut être ainsi, et nous croyons de plus que les partisans de l'idée de l'égale perfection entre les êtres sont aujourd'hui bien clair-semés, si même il en existe encore.

Note F, page 113.

(SUR LES CATACLYSMES.)

———•◇•———

Le cataclysme à retour périodique connu sous le nom de déluge d'Adhémar ne peut, il nous semble, expliquer mieux que les autres cataclysmes résultant du soulèvement de chaînes de montagnes ou de l'affaissement de vastes étendues du sol, l'extinction des espèces.

On sait en effet que, d'après la théorie du mathématicien que nous venons de citer, il s'effectue, en 21,000 ans, période correspondant à la précession des équinoxes, un changement notable dans la distribution de la chaleur à la surface de la terre.

Se fondant sur ce fait (établi, paraît-il, par de nombreuses observations), que durant 11,000 ans un hémisphère compte un plus grand nombre de jours chauds que l'hémisphère opposé, M. Adhémar en conclut à un déplacement du centre de gravité de la terre dû à une énorme accumulation de glaces au pôle de l'hémisphère qui a reçu une moindre somme de chaleur durant chacune des années de cette période.

La masse des eaux est, par suite, entraînée plutôt d'un côté que de l'autre, et c'est là la raison pour laquelle, dans la période astronomique que nous traversons, les mers de l'hémisphère austral sont plus profondes que celles de l'hémisphère boréal, tandis que les terres émergées du premier sont d'une bien moindre étendue que celles du second.

Or, durant la période d'échauffement de l'hémisphère antérieurement refroidi, il arrive un moment [1] où une partie de la calotte de glace occupant le pôle de cet hémisphère, n'étant plus soutenue par les champs de glace qui l'environnaient et qui ont fondu peu à peu, s'écroule tout à coup. Il s'ensuit alors vers le nouveau centre de gravité qui se trouve brusquement

[1] Selon quelques commentateurs de la théorie Adhémar, ce moment serait arrivé pour notre hémisphère il y a 4,200 ans, époque correspondante au déluge mosaïque.

reporté dans l'hémisphère opposé, lequel est en voie de refroidissement, une irruption des eaux qui engloutit sur son passage tous les êtres vivants.

Mais cette ingénieuse théorie qui, par la régularité et la permanence des phénomènes sur lesquels elle repose, a toutes les apparences d'une grande loi générale, a contre elle la loi astronomique formulée par Herschel, et d'après laquelle les deux hémisphères reçoivent chaque année du soleil une égale quantité de chaleur.

De plus, relativement à l'extinction des espèces, nous lui reprochons encore son caractère d'expédient, qui d'après nous est exclusif d'une véritable loi. Faire de la calotte de glaces du pôle un immense ice-berg s'écroulant tout à coup avec fracas, après être resté longtemps suspendu au-dessus des eaux, nous paraît, en tout état de cause, difficile à concilier avec l'échauffement graduel et lent résultant pour ces glaces de huit jours de chaleur reçus chaque année durant 11,000 ans par un hémisphère au détriment de l'autre.

Et si, comme on semble le croire assez généralement aujourd'hui, les pôles sont occupés par une mer immense entièrement libre et relativement chaude, que devient la théorie des déluges périodiques reposant sur le déplacement alternatif du centre de gravité du globe [1] ?

---

[1] Il n'est peut-être pas inutile de dire que cette idée de l'échauffement alternatif des deux hémisphères et du changement de conditions climatologiques, pour les contrées froides du globe, qui en est la conséquence, est déjà assez ancienne.

On en trouve une preuve piquante dans la correspondance de Catherine II avec les philosophes de son temps. Dans une lettre écrite par elle à Dalembert, cette princesse se félicite agréablement d'apprendre que, par suite de l'échauffement des régions polaires, la Sibérie, aujourd'hui d'un aspect désolé, offrira dans quelques milliers d'années à ses successeurs, tous les agréments que présente maintenant l'Italie.

Note G, page 117.

(SUR LA QUESTION D'EXISTENCE ET DE DURÉE DES CORPS CÉLESTES.)

—◇◆◇—

« Voici, dit Arago [1], qui est plus circonstancié, plus net. »

« La 55ᵉ d'Hercule, placée sur le col de la figure, a été insérée dans le catalogue de Flamsteed, comme une étoile de cinquième grandeur : le 10 octobre 1781, W. Herschel la vit distinctement et nota qu'elle était rouge; le 14 avril 1782, il l'aperçut de nouveau et l'inscrivit dans son journal comme une étoile ordinaire; le 24 mars 1791, il n'en restait plus aucune trace. Des essais répétés le 25 et plus tard, ne donnèrent pas un autre résultat. La 55ᵉ d'Hercule a disparu. »

« Je ne pense pas avoir donné trop de développements à la question qui vient d'être traitée dans ces derniers chapitres. Quoi de plus curieux, en effet, comme je l'ai déjà dit, que de savoir si les milliers de soleils dont l'espace

(1) Astronomie. — Tome Iᵉʳ, page 379.

est parsemé, et, dès lors, si notre soleil sont arrivés à un état permanent; si les hommes doivent compter sur une durée indéfinie de la chaleur bienfaisante qui entretient la vie à la surface de la terre; s'ils ont à craindre des changements d'intensité lumineuse ou calorifique, rapides, brusques, mortels. »

« Je ne terminerai pas sans faire remarquer dans l'intérêt de la vérité et de la justice, que ces grands problèmes avaient fixé l'attention de divers astronomes avant que W. Herschel en fit l'objet de ses puissantes investigations. »

« En effet, dès l'année 1437, dans la préface de son catalogue, Ulugh-Beigh disait qu'une étoile du Cocher, que la onzième du Loup, que six étoiles, parmi lesquelles quatre de troisième grandeur, voisines du Poisson austral, toutes marquées dans les catalogues de Ptolémée et d'Abdurrhamann-Sophi, ne se voyaient plus. »

Suivant sa coutume, Arago, ainsi qu'on le voit, se contente d'exposer les faits sans prendre parti.

Herschel est plus explicite. Après avoir déterminé au moyen de patientes recherches la na-

12

ture des nébuleuses, les considérant comme un monde en voie de formation, il donne ainsi un corps à la pensée sur leur Genèse et leur avenir :

« De même, dit-il, que pour faire l'histoire du chêne, l'homme n'a pas besoin de suivre un être de cette espèce pendant la longue période de son existence qui surpasse de beaucoup la sienne propre, mais qu'il lui suffit de parcourir une forêt pour y observer les chênes dans tous les états par lesquels ils passent successivement depuis le développement de leurs cotylédons jusqu'à leur décrépitude et à leur mort; de même, il suffirait de trouver dans le ciel des nébuleuses qui représentassent les différentes époques de la formation d'un monde pour en déduire les différents états successifs par lesquels chacun d'eux a passé ou passera. »

Enfin, nous donnons ici les deux tableaux de Buffon dont nous avons parlé et qui montrent quelle était, de son temps, l'état de l'opinion sur cette question. Il n'est pas besoin de rappeler, sans doute, ce que nous avons dit des réserves à faire sur les chiffres qu'ils contiennent.

TABLEAU

DES PÉRIODES DE TEMPS DE REFROIDISSEMENT DES PLANÈTES
ET DE LEURS SATELLITES.

	REFROIDIES DE MANIÈRE A POUVOIR LES TOUCHER	REFROIDIES A LA TEMPÉRATURE ACTUELLE	REFROIDIES A 1/25ᵉ DE LEUR TEMPÉRATURE ACTUELLE
La Terre.	en 34270 1/2 ans	En 74832 ans	En 16812 ans
La Lune.	» 7515 »	» 16409 »	» 72514 »
Mercure	» 24813 »	» 54192 »	» 187765 »
Vénus	» 41969 »	» 91649 »	» 228540 »
Mars.	» 13034 »	» 28538 »	» 60326 »
Jupiter.	» 110118 »	» 240451 »	» 463121 »
Saturne	» 59911 »	» 130831 »	» 262020 »

TABLEAU

DU COMMENCEMENT, DE LA FIN ET DE LA DURÉE DE L'EXISTENCE
DE LA NATURE ORGANISÉE DANS CHAQUE PLANÈTE.

(Date de la formation des planètes : 74832 ans.)

COMMENCEMENT A COMPTER DE LA FORMATION DES PLANÈTES	FIN A DATER DE LA FORMATION DES PLANÈTES	DURÉE ABSOLUE	DURÉE A DATER DE CE JOUR
La Lune 7890	72514	64624	0
Mars 13685	60326	55641	0
Mercure. 26053	187765	161712	112033
La Terre 35983	168123	132140	93291
Vénus. 44057	228540	184173	153708
Saturne. 62906	262020	199114	187188
Jupiter 115623	483121	367498	

Note H, page 131.

ÉVALUATION NUMÉRIQUE ET COMPARATIVE DE L'IMPORTANCE

DES PRINCIPALES FONCTIONS DES ÊTRES VIVANTS COMPOSANT LES GRANDES

DIVISIONS DU RÈGNE ORGANIQUE.

(LES TABLEAUX DES PAGES 131 ET 133 ONT ÉTÉ ÉTABLIS

D'APRÈS CETTE ÉVALUATION.)

———•◦•———

Les fonctions des mammifères ont servi de types pour déterminer comparativement l'importance des fonctions similaires des autres organismes.

Partout, ces fonctions ont été évaluées numériquement d'après la perfection de l'organe ou la complication des appareils d'organes d'où elles émanent, ceux des mammifères étant pris pour unité.

L'assimilation s'opérant partout dans la série zoologique proprement dite et jusque dans les mollusques et les insectes, au moyen d'organes très développés, très distincts et très complets, a été, dans tous les cas, évaluée à I.

Partout aussi la fonction de la reproduction a été exprimée par le même chiffre en raison de ce fait que si dans beaucoup de circonstances il est impossible de juger de la perfection d'appareils qui n'ont pas encore été vus, cependant la fonction s'exécute toujours d'une manière complète et distincte. Puis, dans beaucoup d'êtres bien inférieurs aux mammifères, les organes qui président à la reproduction, offrent parfois une complication et une perfection vraiment surprenantes, ainsi qu'on peut l'observer notamment chez un certain nombre de végétaux.

On trouvera peut-être bien arbitrairement fixés, les chiffres qui expriment ainsi l'importance relative des fonctions comparées selon les classes. Nous pensons, en effet, qu'ils peuvent être modifiés en suivant les fonctions dans chaque espèce et en prenant des moyennes : mais dans ce cas même, nous inclinons à croire qu'on n'arriverait pas à changer notablement la disposition des totaux constituant le tableau de la vitalité comparée que possède chaque grande classe d'organismes à la composition duquel ces

chiffres ont servi. Nous pensons seulement qu'on
obtiendrait par là un tableau mieux nuancé.

Organismes.	Fonctions.	Evaluation.	Total.
Mammifères	Reproduction	1 » »	5 » »
	Respiration	1 » »	
	Circulation	1 » »	
	Assimilation	1 » »	
	Innervation	1 » »	
Oiseaux	Reproduction	1 » »	4 70
	Respiration	1 20	
	Circulation	1 » »	
	Assimilation	1 » »	
	Innervation	» 50	
Reptiles	Reproduction	1 » »	4 » »
	Respiration	» 75	
	Circulation	» 75	
	Assimilation	1 » »	
	Innervation	» 50	
Poissons	Reproduction	1 » »	3 75
	Respiration	» 75	
	Circulation	» 50	
	Assimilation	1 » »	
	Innervation	» 50	

Organismes.		Fonctions.	Evaluation.	Total.
Articulés . .	{	Reproduction. . . .	1 » »	
		Respiration	» 70	
		Circulation	» 40	3 60
		Assimilation.	1 » »	
		Innervation	» 50	
Mollusques.	{	Reproduction. . . .	1 » »	
		Respiration	» 70	
		Circulation	» 50	3 60
		Assimilation.	1 » »	
		Innervation	» 40	
Zoophytes. .	{	Reproduction. . . .	1 » »	
		Respiration	» 70	
		Circulation	» 50	2 95
		Assimilation.	» 70	
		Innervation	» 05	
Végétaux . .	{	Reproduction. . . .	1 » »	
		Respiration	» 75	
		Circulation . . . . . }	1 » »	2 75
		Assimilation. . . . . }		
		Innervation . . des traces.		

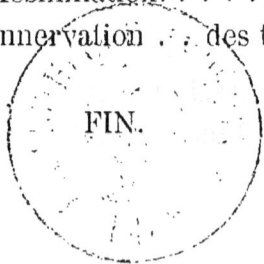

FIN.

TABLE DES MATIÈRES.

FIN DE LA TABLE.

GUISE. — IMP. BERTHAUT.

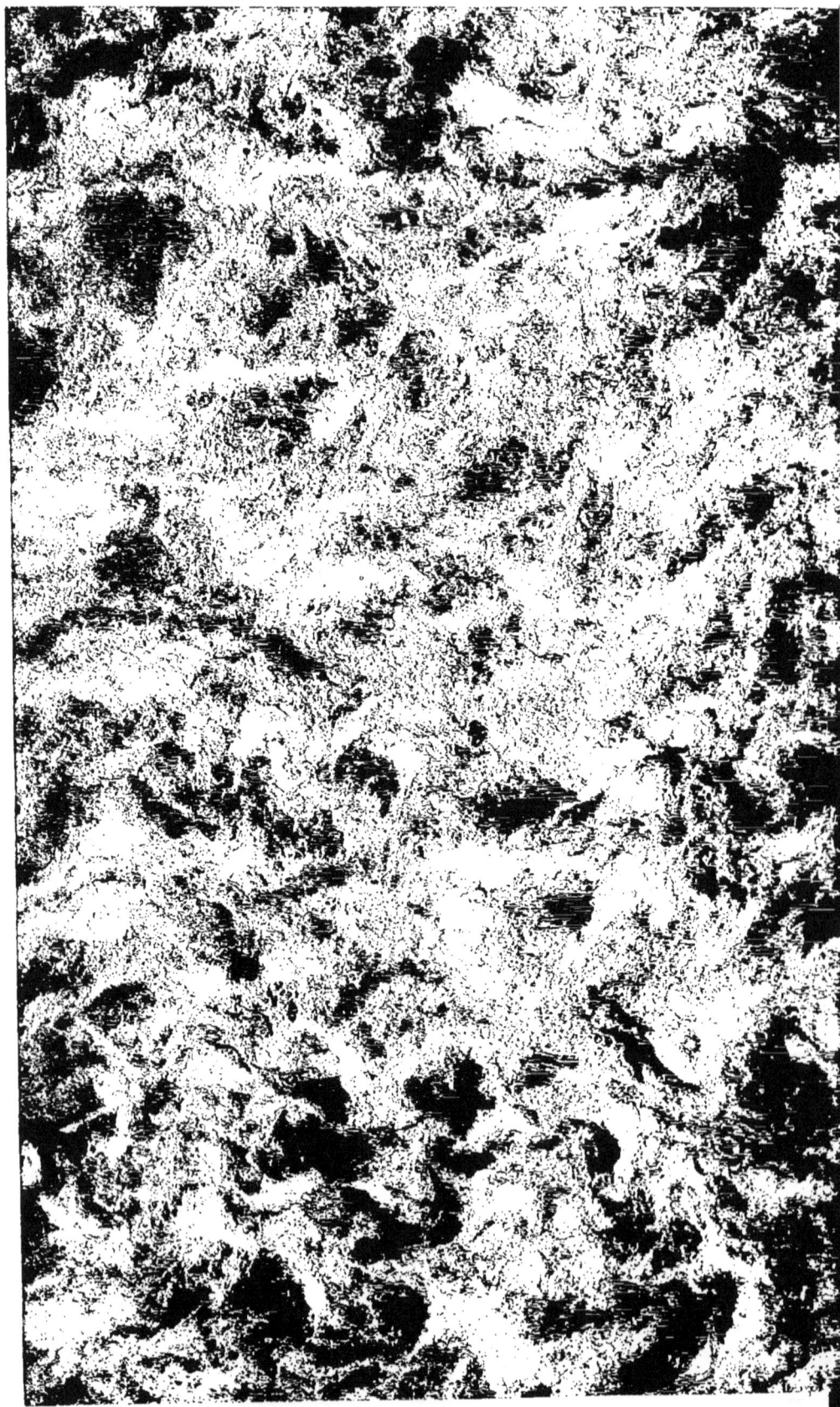